多维网络技术

陶 洋 著

U0391190

科学出版社

北京

内 容 简 介

本书重点研究通信网络的时空及制式差异对异构网络的影响,努力构建多维网络概念和技术架构,并从多维网络的资源分析、路由系统与协议、接入系统与标准、动态性分析、业务融合、安全分析、终端及应用方面进行阐述和研究。

本书适合用作高等院校通信网络专业的研究生和本科生教材,也适合深入学习和研究多维网络的研究人员和高级工程技术人员学习参考。

图书在版编目(CIP)数据

多维网络技术 / 陶洋著. —北京:科学出版社,2018.10
ISBN 978-7-03-058955-2

Ⅰ. 多… Ⅱ. 陶… Ⅲ. 计算机网络-技术 Ⅳ. TP393

中国版本图书馆 CIP 数据核字(2018)第 222029 号

责任编辑:魏英杰 / 责任校对:郭瑞芝
责任印制:师艳茹 / 封面设计:铭轩堂

科 学 出 版 社　出版

北京东黄城根北街 16 号
邮政编码:100717
http://www.sciencep.com

保定市中画美凯印刷有限公司 印刷

科学出版社发行　各地新华书店经销

*

2018 年 10 月第 一 版　开本:720×1000　1/16
2018 年 10 月第一次印刷　印张:12 1/2
字数:251 000

定价:80.00 元
(如有印装质量问题,我社负责调换)

前　　言

对于多维空间、多维信息、多维信道等，由于时空的差异和信息传递模式的异构已使我们所处的信息网络环境呈现出多维的特性。网络的纷繁使我们的选择在丰富的同时也多了一些困惑，这不仅体现在应用上，也体现在我们的技术研究中，甚至对网络社会管理、网络思维产生了不小的影响，然而对于网络的多维特性我们又知道多少呢!

新网络的不断呈现，现有网络的渐渐退出，使网络的多维状态不断变化，并影响着网络互联综合、一体化、网络融合、未来网络等发展演变和业务应用。从专业角度而言，自网络物理底层至应用高层都受到其变化的促进和限制，我们应依据新的网络特性进行归纳分析，以便展开新技术、新理论的研究和应用开发。

本书集多年研究和成果开发于一体，力图开辟新的网络认知角度，推动确立新的网络技术理论基础，促进网络新技术的研究和应用开发，同时起到抛砖引玉的作用。本书从多维网络概念出发，依据网络元素与结构对相应的多维特性进行分析，并描述其较为典型的应用。我们努力构建的多维网络概念和技术架构，研究重点在于网络的时空及制式差异对异构网络形成的资源集合利用、网络之间互联及融合、跨网业务过渡和切换等，目的在于更好地利用任何地域所叠加的网络资源集合，以提供网络最大优化程度的业务服务，并保障其高质量和低代价。书中描述的不少技术已在实际应用中得到验证，对研究开发者的进一步研究和开发具有较高的参考价值。

陶洋教授负责本书学术定位、内容及组织架构的确定，撰写各章节的内容核心，且审校全书。全书共8章，分别由梅思梦、许湘扬、杨飞跃、代建建、谢金辉、章思青、邓行、李朋等按照所确定的核心内容及撰写方式各完成一章的具体编写和研究工作整理。

　　本书主要内容源自我们的研究成果,包含但不限于科研技术报告、公开发表论文、专利、软件系统,以及已出版的著作等。

　　由于较多内容具有探索性,难免存在不足之处,恳请读者批评指正。

陶洋

2017 年初冬于重庆南山

目　　录

第1章　多维网络概论

众所周知，通信网络自出现以来，随着社会需求及应用的增多，得到了飞速发展，网络类型也随之变得复杂多样，如有线网、无线局域网(wireless local area network，WLAN)、无线网状网(wireless mesh network，WMN)、公众移动通信网、卫星网络、Ad Hoc 网络，以及无线传感器网络(wireless sensor network，WSN)等。有线网又包括多种不同的网络，如同轴电缆网、双绞线网、光纤网等；无线局域网包括 WIFI、蓝牙等；公众移动通信网也分为 2G/3G/4G 等不同的通信网络。如此多种类的通信网络使我们的网络环境变得纷繁复杂，不同网络间的差异给通信网络的未来发展带来困难，同时也会造成网络资源的浪费。

在这种复杂多样的网络环境下，我们发现网络会表现出多维的属性。不同时间段存在的网络性能和网络种类会有所不同，这使网络具有时间属性。在不同的空间，网络的强度和类型也存在不同，这使网络具有空间属性。网络的调制方式及通信频段等使网络具有不同的制式。

我们知道，不同的网络具有不同的特性，例如不同类型网络的传输速率和覆盖范围往往不同，不同网络的入网方式和传输制式也往往不同，且各有优劣，因此很难找到一种网络能够以绝对的优势代替另外一种网络。目前，仅靠单一的网络根本无法满足未来人们对移动通信业务个性化和多样化的需求。我们逐渐意识到，未来移动通信的发展趋势必然是将多种不同的网络进行融合，实现网络间互联互通，有效地整合资源，充分发挥不同网络的优势，为用户提供高质量、多种类、个性化和无处不在的服务。因此，下一代网络的发展目标不是建立一个全新的、统一的，并且功能完善的强大网络，而是智能地进行网络融合和互通，在这种网络融合的必然趋势下，我们引入维度的概念来分析这种融合网络，并由此提出多维网络的概念。

1.1　网　络　现　状

我们知道当前的网络环境是由大量不同类型的网络混合形成的，也知道不同网络拥有不同的特点。例如，不同网络的传输介质、覆盖范围、传输速率、传输质量、网络接入方式，以及应用场景等均不尽相同。下面简要介绍公共电话交换网(public switched telephone network，PSTN)、互联网(Internet)、无线局域网络、城域网(metropolitan area network，MAN)、广域网(wide area network，WAN)、卫星网络、WSN、Ad Hoc 网络的特性。

1.1.1　公共电话交换网

PSTN 是常用的电话网络，是一种国际通用的语音通信电路交换网，具有如下特性。

① 传输介质。PSTN 以标准的电话线路为传输介质。

② 传输范围。在当前通信网中，PSTN 拥有庞大的应用用户，是人们经常选择的一种十分重要的通信方式，传输范围很广。

③ 传输速率和质量。PSTN 的技术基础是模拟技术，由于模拟技术本身和 PSTN 通信线路建立的特点，导致 PSTN 的传输速率和传输质量都较差。

④ 应用。PSTN 应用比较早且广泛，生活中用到的电话大多采用 PSTN 的通信方式。

1.1.2　互联网

Internet 又称网际网络，是网络与网络之间串连成的庞大网络。Internet 的用户遍布全球，拥有超大的用户数量，具有如下特性。

① 传输介质。Internet 以光纤或双绞线为传输介质。

② 传输范围。Internet 拥有十分广泛的传输范围，是网络间连通形成的庞大网络，因此其信息传输可达的范围十分广泛。

③ 传输速率。互联网的传输速率差异较大，从几十兆比特到几十吉比特不等，用户可以根据个人实际情况自由选择。

④ 网络服务。Internet 提供的服务包括 WWW 服务、电子邮件服务、远程登录服务、文件传输服务、网络电话等。

⑤ 入网方式。用户可以通过 Modem 拨号入网、ISDN 入网、DDN 专线入网、xDSL 入网，也可以通过电缆调制解调器或无线网络等多种可选方式。

1.1.3　无线局域网络

相对于前期的有线传输方式，WLAN 是利用微波或红外线在空间进行数据信息的传输，是当下工作生活中一种十分重要的通信方式，主要网络特性如下。

① 传输介质。WLAN 主要利用微波和红外线作为数据传输介质。

② 传输范围。WLAN 的传输距离与空间复杂度有关，在较空旷的区域 WLAN 的传输距离为 300 米左右；如果为半封闭性空间或空间有较多物品，WLAN 的传

输距离就会受到不同程度的影响，传输距离在 35~50 米。WLAN 还可借助外接天线进行信号发射，在这种情况下，WLAN 可以传输 30~50 千米，甚至更远。

③ 传输速率。WLAN 的传输方式属于空间传输，这种传输方式比有线信道低很多，最大传输速率为 300Mbit/s，只能满足个人终端和小范围的应用需求。

④ 通信技术。WLAN 的通信技术为射频(radio frequency，RF)技术。

1.1.4　城域网

MAN 是可以覆盖城市的计算机通信网络，负责将一个城市内不同地点的网络设备或局域网连接起来，具有如下特性。

① 传输介质。MAN 以光缆为主要的传输介质。

② 传输范围。MAN 的传输范围较大，可以覆盖一个城市，甚至更广。

③ 传输速率。MAN 的传输技术为大容量的 Packet Over SDH 传输技术，可使其数据传输速度达到 100Mbit/s，甚至 1000Mbit/s。

1.1.5　广域网

WAN 是覆盖范围可以达到几十千米，甚至几千千米的一种远程网。PSTN 其实也是一种 WAN，Internet 是世界范围内最大的 WAN。WAN 的基本网络特性如下。

① 传输介质。WAN 可以利用的传输介质种类较多，如光纤、微波、卫星信道等多种途径。

② 传输范围。WAN 的传输范围可达世界范围，远超 LAN 和 MAN。

③ 传输速率。WAN 典型的传输速率介于 56Kbit/s~155Mbit/s，目前已有的最高传输速率可达 622Mbit/s、2.4Gbit/s，甚至更高。WAN 的数据传输速率往往比 LAN 的传输速率高，但是由于 WAN 的传输范围很广，传输产生的时延也比 LAN 或者 WAN 大很多。

1.1.6　卫星网络

卫星通信网就是利用人造卫星作为中继站，支持实现地球上不仅限于地面的任何两个或多个无线电通信站之间的通信技术。

① 覆盖范围。卫星通信距离远，覆盖范围几乎可以达到全球覆盖。在卫星系统的视区内，对于任何地面站而言，只要其与卫星间的信号传输满足技术要求，通信质量就能得到保证,因此通信站的建设受地面自然条件的影响程度大为减小。对于远距离、大范围通信，卫星通信相比地面电缆、光缆、短波、微波等通信方

式方便经济。在一些人迹较少，通信设施建设不完善的地方，卫星通信的优势更加明显。

② 传输速率。卫星通信采用微波进行信息的传输，因此传输速率与电磁波相同。

③ 通信容量。利用卫星网络进行通信时，由于卫星通信使用微波频段，可以使用的频带很宽，因此具有相对较大的通信容量。例如，C 和 Ku 频段的卫星带宽可达 500～800MHz，在 Ka 频段下的卫星带宽可达几个 GHz。

④ 通信方式。卫星网络由于其自身的特殊性，一般采用广播方式，可以实现多址通信功能。卫星网络由于其组网的特殊性，一颗在轨卫星的信号可以到达一定区域内的任何一点，进而提高卫星通信网组网的效率和灵活性。

1.1.7　WSN

WSN 是一种分布式传感网络，主要由传感器节点组成。WAN 受应用环境影响较大，一般采用无线通信方式传输数据，且在组网方面是一个多跳自组织的网络系统。需要注意的是，有些应用场景下的传感器数量十分庞大，并且各个传感器还实时的进行动态变化。与其他网络相比，这些都是 WSN 独有的特点。

① 无中心性和自组织性。在 WSN 中，所有的传感器节点在整体网络中都处于同一位置，地位均等。进行信息传输时，分布在各个不同的地理位置上的节点通过一定的算法相互协调，利用这种算法，节点可以自动组织起一个测量网络。

② 动态变化性。WSN 一般应用场景都具有高不稳定性特点，网络中的节点也随之不断变化。除此之外，综合考虑无线通信信道的不稳定性，WSN 具有很高的动态变化性。

③ 传输能力有限。WSN 利用无线电波进行数据传输，与传统有线的通信方式相比，无线通信的带宽就会低很多。由于 WSN 网络中信号分布较密集，不同的信号在传递过程中还会造成互相干扰。与此同时，信号自身也在不断地衰减，造成 WSN 的传输能力有限。在 WSN 中单个节点传输的数据量并不大，有限的传输能力基本可以满足网络需求。

④ 能量的限制。为了测量真实世界的具体值，各个节点会密集地分布于待测区域内，人工补充能量的方法已经不再适用。因此，要求每个节点都要储备可供长期使用的能量，或者自身从外汲取能量(太阳能)。

⑤ 安全性问题。无线信道、有限能量、分布式控制方式都使得无线传感器网络更容易受到攻击。被动窃听、主动入侵、拒绝服务则是这些攻击的常见方式，因此安全性在网络的设计中至关重要。

1.1.8　Ad Hoc 网络

Ad Hoc 网络与其他无线网络,以及有线固定网络相比,具有网络的自组织性、网络拓扑结构的动态变化性、网络传输带宽的有限性、网络传输方式的多跳性、分布式网络控制、移动终端设备的局限性、网络生存时间较短,以及网络安全性差等特点。

① 网络的自组织性。移动 Ad Hoc 网可以满足在任何时间、任何地点,以任意一种通信方式进行通信组网,其间并不需要人工干预或其他预设基础网络设施。

② 网络拓扑结构的动态变化性。在移动 Ad Hoc 网络环境下,设备终端会随机移动,导致网络链路频繁的连接或断开。同时,由于无线发送装置的多样化、发送功率的多样化,以及无线信道之间的相互干扰,最终导致网络拓扑结构的高度动态变化性。

③ 网络传输带宽的有限性。移动 Ad Hoc 网络底层通信手段采用的是无线传输技术,无线信道之间存在的信号衰减、碰撞、阻塞、噪声等因素,造成 Ad Hoc 网络的实际传输带宽比理论带宽小得多。

④ 网络传输方式的多跳性。由于移动终端设备发射功率有限,导致通信范围被限制。当目的节点不在起始节点的通信覆盖范围内时,就需要中间节点充当中继转发数据,形成传输方式的多跳性。

⑤ 分布式网络控制。移动 Ad Hoc 网络中任意节点地位相同,既是主机,又是路由器,没有绝对的控制中心。在这种分布式的结构下,出现任意单点故障都不会影响整个网络的运行。

⑥ 网络生存时间短。由于移动终端依赖于自身携带电池的能量运行,电池能量会限制每个节点的生存期,从而使整个网络的生存期也受到制约。

⑦ 网络安全性差。移动 Ad Hoc 网络不需要固有的基础设施,不能直接应用传统的网络安全方案,又因为无线信道防止网络攻击的能力本身就较为薄弱,导致移动 Ad Hoc 网络的安全性能较低下。

1.2　网　络　资　源

网络要达到通信和信息共享的目的,必须具备传输能力、处理能力和存储能力,因此网络也必须具备传输资源、存储资源和处理资源的能力。通常状况下,对于任何一个网络,其功能与各种资源是相互匹配的。在此前提下,如果一个网络中存在资源不平衡的情况,不仅会造成大量的资源闲置和浪费,甚至会引起网络性能的下降。在我们周围存在不止一种网络,而每种网络都有各自不同的资源,下面从不同的网络出发，简要介绍不同网络拥有的资源。

① 因特网。因特网拥有典型的网络资源，如域名、IP、存储、计算资源等。

② 移动互联网。移动互联网拥有的典型网络资源有信道、编码、网络信息资源。

③ 电信网。电信网拥有丰富的号码和用户资源。

④ 物联网。物联网拥有最特殊的网络资源就是传感器。

⑤ 卫星网络。卫星特有的通信信道及以卫星为主体的中继站资源是卫星网络中最特殊的网络资源。

在此我们先对网络资源进行简单的介绍，网络资源不仅是指网络中存在的各种信息资源，还包括构成网络本身所需的物理资源和逻辑资源。在后续章节中我们会对网络资源进一步介绍。

1.3 多 维 网 络

多维网络概念是在维度概念的基础上提出的。维度(维)从数学层次而言是指独立的时空坐标的数目，每个坐标描述的便是一个维度的信息。因此，从更高角度来讲，维度是指一种视角，而不是一个固定的数字，是一个判断、说明、评价和确定一个事物的多方位、多角度、多层次的条件和概念。多维是指影响网络中资源共享和通信的多种因素，如通信介质、覆盖范围、传输速率、入网方式等。由于人们关注和研究无线网络的角度不同，因此形成了网络的多维属性。

无线网络受外界因素影响较大，不同时间段的网络性能和网络种类往往不同，因此无线网络具有时间属性。现阶段不同网络的覆盖面积不同，不同空间可能存在多种不同网络，多种网络也可能存在于同一空间，因此网络具有空间属性。网络的调制方式及通信频段等都会使这些网络存在多维的属性，由此提出多维网络概念。

1.3.1 网络的多维因素

随着计算机的普及和无线通信技术的迅速发展，接入网络的类型日益多样化，不同网络之间的差异也越来越大，下一代网络的发展趋势是朝着无线网络方向发展，支持无线、可移动性、异构性、多无线接入技术汇聚融合。各种网络在传输介质、覆盖范围、传输速率、接入方式、网络制式等方面均存在差异性，这些特性共同构成了网络的多维因素。下面对网络中存在的多种因素进行介绍。

1. 覆盖范围

不同类型的网络由于其应用场景及规模大小的不同，覆盖范围也不尽相同。

LAN 的覆盖范围比较小，一般在 2 千米以内，最大距离不超过 10 千米。

MAN 的覆盖范围可以从几千米到几十千米不等，比 WAN 的传输范围大，但比 LAN 的传输范围小。

WAN 的覆盖地域范围较大，覆盖范围从几十千米到几千千米，甚至几万千米不等。

卫星通信网是由一个或数个通信卫星和指向卫星的若干地球站组成的通信网，卫星通信的覆盖范围大，通信距离远，几乎可以达到全球范围。

2. 传输速率

传输速率是网络性能的一个主要指标。表 1-1 列出了几种代表网络的传输速率与出错率。

表 1-1　几种代表网络的传输速率与出错率

序号	网络类型	传输速率	出错率
1	LAN	10～100Mbit/s 传输速率较高	出错率低
2	MAN	Mbit/s～Gbit/s 中等传输速率	中等出错率
3	WAN	一般 56Kbit/s～155Mbit/s (可达 622Mbit/s、2.4Gbit/s，甚至更高速率)	出错率较高

3. 接入方式

目前可供我们入网的方式主要有 PSTN、ISDN、DDN、LAN、ADSL、VDSL、Cable-Modem、PON 和 LMDS。不同接入方式的特点如表 1-2 所示。

表 1-2　不同接入方式的特点

序号	入网方式	特点
1	PSTN	利用普通电话线入网，不能同时上网和接听电话；入网方便、普及、便宜
2	ISDN	可以同时上网和接听电话；上网速度快
3	DDN	通信速率可变，用户可以根据自身需要在 $N×64$Kbit/s($N=1$～32)中任意选择
4	LAN	利用光缆或双绞线为传输媒介；可提供 10Mbit 以上的共享带宽，并可升级到 100Mbit 以上；专线速率低
5	ADSL	通过普通电话线提供宽带数据业务的技术；数据传输带宽由每个用户独享；无须拨号，始终在线，支持上行速率 640Kbit/s～1Mbit/s，下行速率 1～8Mbit/s

序号	入网方式	特点
6	VDSL	用铜线作为传输媒介，有效传输距离可以达到 1000m；传输速率较高，短距离内的最大下传速率可达 55Mbit/s，上传速率可达 2.3Mbit/s，但端点设备的普及率低
7	Cable-Modem	一种超高速 Modem；以现有的有线电视 CATV 网作为传输介质
8	PON	利用点对多点的光纤传输和接入技术；下行采用广播方式，上行采用时分多址方式；PON 用户使用的带宽可以在 64Kbit/s～155Mbit/s 自由划分
9	LMDS	社区宽带接入的一种无线接入技术，每个终端用户的带宽可达到 25Mbit/s；带宽总容量 600Mbit/s，每基站下的用户共享带宽

4. 网络制式

我国常见的无线广域通信网络主要有码分多址(code division multiple access, CDMA)、通用分组无线服务(general packet radio service, GPRS)和蜂窝数字式分组数据交换网络(cellular digital packet data, CDPD)等网络制式类型。

① CDMA 网络制式。CDMA 是在无线通信上使用的技术，允许使用者同时使用全部频带，并且把其他使用者发出的信号视为噪声，完全不必考虑信号的碰撞问题。CDMA 网络是中国电信运营的网络，之后又推出 CDMA 1X 网络系统，CDMA 1X 网络是对 CDMA 网络的升级，速度更快，容量更高。

② GPRS 网络制式。GPRS 是利用包交换发展的一套基于 GSM 系统的无线传输方式。GPRS 采用分组交换技术，具有实时在线、按量计费、快捷登录、高速传输、自如切换的优点。GPRS 理论传输最大传输速度是 171.2Kbit/s，实际使用中速度受外界环境影响，特别是与附近基站的载荷相关性较大，所以在实际的传输中网络传输速率比理论传输速度慢。

③ CDPD 网络制式。CDPD 是以分组数据通信技术为基础，利用蜂窝数字移动通信网组网的无线移动数据通信技术，被人们称为真正的无线互联网。CDPD 网是以数字分组数据技术为基础，以蜂窝移动通信为组网方式的移动无线数据通信网。使用 CDPD 只需在便携机上连接一个专用的无线调制解调器，即使坐在快速移动的车厢内，也可以正常上网。CDPD 拥有专用的无线数据网，信号不易受干扰，同时具有安装简便、反应快捷、终端系统灵活等诸多特点。

5. 通信协议

网络通信协议是一种网络通用语言，为连接不同操作系统和不同硬件体系结构的网络提供通信支持，是一种网络通用语言。网络通信协议也可以理解为网络上计算机之间进行交流的一种语言。不同的网络采用不同的通信协议，而每一种协议又具有各自的优缺点，如表 1-3 所示。

表 1-3　不同网络协议的优缺点对比

序号	网络类型	协议	优点	缺点
1	Internet	TCP/IP	不依赖特定的计算机硬件或操作系统；不依赖网络传输硬件；统一的网络地址分配方案，使得整个 TCP/IP 设备在网中都具有唯一的地址；标准化的高层协议，可以提供多种可靠的用户服务	TCP/IP 参考模型不适合其他非 TCP/IP 协议簇；主机-网络层本身并不是实际的一层
2	WAN	X.25	经济实惠、安装简单、传输可靠性高、适用于误码率较高的通路	协议复杂、时延大；分组长度可变，存储管理复杂
3	LAN	CSMA/CD	简单、可靠	只能进行冲突检测，不能"避免"

1.3.2　多维网络概念

多维网络(multi dimensional network，MDN)是随时间、空间、传输制式等维度变化而变化的网络，具有通信链路和信息动态组特性。多维网络具体讲属于动态网络的概念，主要体现在网络三维空间特性、一维时间可变及制式异构所构成的复杂的、可变的不稳定网络的交叠环境。

多维网络是在广泛融合网络的基础上提出的一种具有自组织特性的虚拟网络，与现有网络兼容，具有互操作性，可以工作在同种或异种封闭自治网络之间。网络中的节点具有多接口特性，任意两个节点都可以直接或者间接(中继节点转发)实现通信，并根据实际网络情况进行自适应切换，实现网络拓扑结构的动态变化。在自组织多维网络中，用户可以通过相应的多维(或多模)通信终端实现在任何地方、任何时候，通过任何制式接入或再接入网络，实现高可靠、高稳定的信息通信业务。

多维网络具有如下特征。

① 多维网络与现有网络具有兼容性及互操作性，可以工作在同种或异种网络之间。

② 节点具有多接口特性，任意两个节点都可以直接或者通过中继节点转发实现通信，并且可以根据实际网络情况进行自适应切换。

③ 网络拓扑结构是动态变化的，能够用不同的网络结构和网络技术实现不同的应用，让各种网络互相协同，最后形成一个无所不在的网络应用。

多维网络如图 1-1 所示。多维网络中节点间通信的流程如图 1-2 所示。

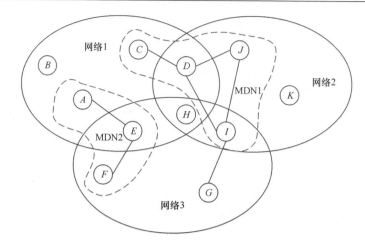

图 1-1　多维网络示意图

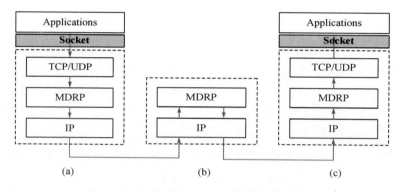

图 1-2　多维网络中节点间通信的流程示意图

1.4　网络的发展趋势

时至今日，网络已发展成一个庞大的复杂系统，类型也千变万化。不同类型的网络具有不同的特征和业务提供能力，可以适应不同场景下用户对通信服务个性化的需求。多种网络的出现共同推动着有线/无线网络的发展，未来的通信网络趋势必然是不同无线接入技术并存、不同网络类型协同工作、支持终端无缝移动性的全 IP 融合网络。宽带化、泛在化、协同化和异构互联将成为未来宽带无线通信发展的主旋律。

1.4.1　制式异构

网络制式就是网络的类型，不同的网络类型使用不同的通信技术，而不同的网络技术可以在不同的频段上实现信息的传输。目前，我国手机常用的通信技术主要有 CDMA 和 GSM。现有网络通信技术特点如表 1-4 所示。

表 1-4　现有通信技术特点

序号	通信技术	特点
1	GSM	应用最广的移动电话标准；采用时分多址技术
2	CDMA	一种成熟的无线通信技术，带宽使用率高；应用于 800MHz 和 1.9GHz 的超高频移动电话系统
3	GPRS	基于 GSM 系统的无线分组交换技术；提供端到端的、广域的无线 IP 连接
4	TDMA	把一个时间段分成多个时隙，不同时隙传递不同用户的信息；通信质量好，保密性高；技术复杂度较大
5	WCDMA	采用 MC FDD 双工模式，在 GSM 网络下兼容性和互操作性较好；采用最新的异步传输模式微信元传输协议；在人口密集的地区线路不再易堵塞
6	CDMA2000	3G 移动通信标准；CDMA2000 与 WCDMA 不兼容
7	TD-SCDMA	中国提出的第三代移动通信标准，相对 CDMA2000 和 WCDMA，起步较晚，技术不够成熟
8	LTE	频谱效率高，数据传输速率高，支持多种带宽分配；LTE 系统网络架构更加扁平化简单化，网络节点和系统复杂度更低，系统时延小，网络部署和维护成本低

1.4.2　结构异构

前面已经对网络的拓扑结构从物理和逻辑上，静态性和动态性等几方面进行了分类说明。网络的拓扑结构有很多种，但是基本的拓扑结构，我们认为只有总线结构、星型结构、环型结构。然而，单一拓扑结构的网络相对少一些，实际中需要更多的网络拓扑结构来满足网络建设的需求，因此我们必须根据实际情况利用基本的网络拓扑结构和相应的网络传输技术，进行网络拓扑结构的设计，也就是拓扑结构的组合。网络的基本拓扑结构自身是可以组合的，也已经有很多相应的应用实例。

我们把利用基本拓扑结构进行组合得到的拓扑结构称为互连结构，可以分为单一组合互连结构和混合组合互连结构两类，前者只是一种基本结构的组合，后者则是不少于两种基本结构的组合。这种组合结构有树形拓扑结构、混合型拓扑结构、正则拓扑结构，以及网型拓扑结构。因为网络的应用场合各有不同，所以会导致不同的网络拓扑。另一方面，在现实生活中，也有诸多因素会造成网络拓扑结构动态变化。一旦网络的物理拓扑结构改变就会造成网络结构的变化，在当今网络融合的发展趋势下，网络结构的异构融合是我们必须清晰意识到的问题。如图 1-3 所示为网络融合拓扑图。

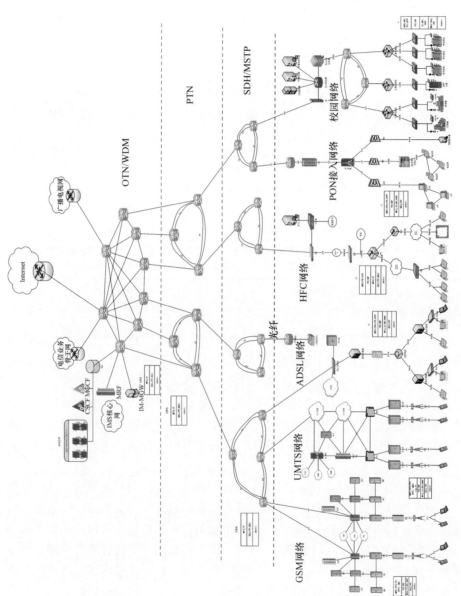

图1-3 网络融合拓扑图

可以看出，在不同类型的网络中，网络的结构和网络需要的通信基础设施也不尽相同。

GSM 主要由移动台(MS)、移动网子系统(NSS)、基站子系统(BSS)和操作支持子系统(OSS)四部分组成。移动台有手持台、车载台和便携式台等不同的种类。

UMTS 主要由服务 GPRS 支持节点(serving GPRS support node，SGSN)、网关GPRS 支持节点(gateway GPRS support node，GGSN)和 UMTS 组成。

在非对称数字用户线路(asymmetric digital subscriber line，ADSL)网络中，数字用户线路接入复用器(digital subscriber line access multiplexer，DSLAM)是各种DSL 系统的局端设备，属于最后一公里接入设备，其功能是接纳所有的 DSL 线路，汇聚流量，相当于一个二层交换机。一个 DSLAM 可以支持多达 500~1000个用户。

混合光纤同轴电缆网(hybrid fiber coaxial，HFC)的主要网络设备是 HDT、电缆调制解调器(CM)、有线电视网络(cable)、调制解调器(modem)。HDT 是面向HFC 网络的 ATM 接入设备，以 ATM 技术为核心，具有多协议和高速数据处理能力。

无源光纤网络(passive optical network，PON)主要由光线路终端(optical line termination，OLT)、光分配网络(optical distribution network，ODN)和光网络单元(optical network unit，ONU)/光网络终端(optical network termination，ONT)组成。OLT 属于局端设备，ONU 属于远端/用户端设备，ONT 即用于单用户的 ONU。ODN 以无源光分路器为核心，还可以包括光纤/光缆、光连接器，以及其他光配线设施(如光配线架、光交接箱、光分线盒、光分歧接头盒)等，负责提供 OLT 与ONU 直接的光信号传输通道。需要注意的是，OLT 与 ONU 之间是点对多点的关系，且 ODN 中没有有源器件或设备，只存在无源器件或设备。

1.4.3　网络融合

未来通信技术要实现的目标是任何人在任何地点、任何时候都可以进行任何形式的通信。目前任何一种单一的网络都不能满足未来通信的目标，因此异构网络融合将是通信网络发展的主流趋势。下一代无线网络(next generation wireless networks，NGWN)将是多种不同类型无线接入技术网络所共存的网络，可以实现多种网络的相互补充、相互融合、共同协作。

这些在应用背景、系统结构、覆盖区域、业务提供能力等方面存在较大差异的异构无线接入网络，以及未来将会产生的新的接入网络技术，将共同为用户提供泛在的接入网络环境，如图 1-4 所示。

图 1-4 网络融合示意图

1.5 多维网络特性

1.5.1 动态特性

应用于多维网络的终端通常都接入了多种网络。终端在网络中的移动性和当前网络随时间变化的不稳定性，都会造成当前网络性能无法满足业务传输的需求，需要将终端从当前网络切换到另一较优网络。终端能够监测当前时间和空间下不同网络的性能，在网络选择时建立网络最优选择数学模型，利用多维指针和多维表实现无线多维网络在当前时间、空间的网络无缝平滑切换。因此，多维网络中终端接入的网络种类是随着网络环境的变化而动态变化的，具有动态特性。

1.5.2 互联特性

随着计算机技术的广泛应用，通信网络已经不再是简单的互连互通的物理网络，而是将通信软件和通信物理硬件结合起来。通常通信软件更加注重通信协议和数据格式。例如，NGN、3G、IPTV 等核心技术都是采用基于 IP 的软件技术。随着通信技术的发展和协议版本的更新，大量不同的厂家依据不同标准开发的通信网络越来越难以互相通信。

现有的网络体系结构已经不能满足自组织多维网络中节点间的通信要求，因此需要重新设计一种新的网络体系结构。与原有 IP 网络体系结构相比，我们新定义了一层多维网络层和对应的路由协议。

自组织多维网络协议栈分为网络接口层、互联层、多维网络层、传输层和应用层。网络接口层通常也被称为连接层或数据连接层，是网络连接的接口，负责数据帧的发送和接收。互联层也称为网络层,提供"虚拟"的网络(互联层把比它高的层与比它低的层隔开)。多维网络层和互联层的功能很接近,都提供"虚拟"的网络(多维网络层屏蔽了互联层以下的网络)。传输层从一个应用程序接收数据并向它的对端传输层发送数据,以提供首尾相接的数据传输,可以同时支持多个应用。使用最多的传输协议是传输控制协议和用户数据报协议。应用层是利用多种协议进行的。IP 协议是网络层最主要的协议,并不保证数据链路层的传输可靠性。IP 协议同时提供路由功能,负责给需要传送的信息提供路由选路。多维网络路由机制工作在多维网络层,起到在不同的通信方式之间进行信息的交互,以及底层通信网络选择的作用。通信网络的选择是多维网络的重点和难点,将在具体的路由机制中详细说明。

多维路由表是基于自组织多维网络的路由表,与传统单一网络路由表相比,增加了网络的时间、空间、制式属性。根据多维网络实际的使用情况划分时间段及空间范围,在时间、空间相同的情况下识别、统计制式种类,构成多维路由表。

多维指针同时具有时间、空间、制式及路径属性,由此识别多维路由表中的路径。多维表和多维指针确定了多维网络中的路由方法。

无论是多维路由表,还是多维指针,都是超三维的数据表示方法,为了更好地表达多维结构,引入多维类型结构。该结构能够表示任意数量的事件维度。例如,其中一种方法就是用线段表示不同的维度,维度的增加可以通过简单增加线段实现,也可以通过多维网格的方式实现。在多维网格中,所有或者大部分的维度都是以列的形式展现的。

将传统的路由表拓展成多维表,传统的路由指针进化为多维指针,在现有路由协议的基础上,增加时间、空间、制式等多维属性便构成多维网络路由协议。具体路由过程是先判断数据传输的时间属性、空间属性,然后利用多维指针和多维表选择业务数据传输的网络和路径,接下来的路径和网络选择与传统的路由方法相同。

为实现多维网络的互联互通,需要多维网关的数据转发。多维网关的基本功能是实现向用户提供透明统一的数据传输服务,保障业务实时流畅的传输,实现终端之间的互联互通,使终端不存在"丢失"的情况,即使丢失也可以保障快速无缝的恢复链接和通信,这样不同的网络就具有互联特性。

目前我们已在多维通信终端的研究基础上实现了多种无线网络的有效融合,提出满足陆地、空中、太空和海洋等各类用户应用的信息共享、资源整合、互联互通、随机接入的一体化网络架构方案,拟研制出多维网关并研究基于多维网关的一体化网络关键技术,以实现异构网络融合及统一通信方案,最终实现多种通信方式协同工作,异构通信网络之间互联互通,很好地保障异构网络间通信的可靠性、可用性，满足话音、流媒体数据等业务的实时传输，保证用户在任何时间、任何地点都能获得具有 QoS 保证的服务，大大提高异构网络融合通信的效率。

1.5.3　多维网络的虚拟特性

多维网络并不是物理上实际存在的一种网络，而是一种逻辑上的动态虚拟网络。普通多维网络层和互联层的功能很接近，都提供虚拟的网络。多维网络路由工作在多维网络层，可以起到在多种不同的通信方式之间进行信息交互，以及底层通信网络选择的作用。多维网络一体化体系架构如图 1-5 所示。

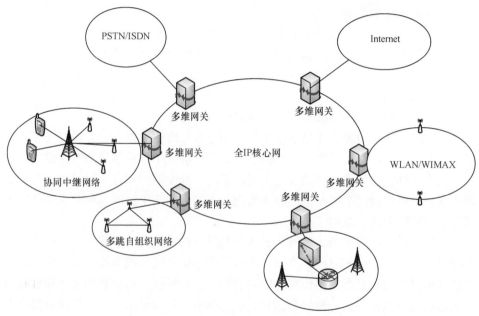

图 1-5　多维网络一体化体系架构

1.6　多维网络架构

根据多维网络的定义，现有的 TCP/IP 网络体系结构不能满足多维网络的需求，因此在 TCP/IP 网络体系结构的基础上我们新增了多维网络层。多维网络体系结构如图 1-6 所示。

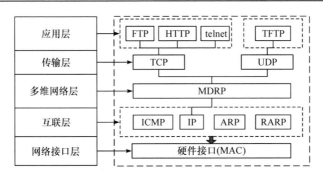

图 1-6　多维网络体系结构图

1. 网络接口层

网络接口层也称为连接层或数据连接层，是网络连接的接口，负责数据帧的发送和接收。

2. 互联层

互联层也称为网络层，提供"虚拟"的网络。这个层把更高的层与比它低的物理网络结构隔开。IP 协议是网络层最主要的协议。IP 协议提供路由功能，负责传送信息到目的地址。

3. 多维网络层

多维网络路由机制工作在多维网络层，起到在多种不同的通信方式间进行信息交互，以及底层通信网络选择的作用。通信网络的选择是多维网络的重点和难点，我们会在具体的路由机制中进行详细说明。

4. 传输层

传输层的作用是从一个应用程序接收数据并向对端传输层发送数据，以便提供首尾相接的数据传输，可以同时支持多个应用。TCP/UDP 是目前使用最多的传输协议。

5. 应用层

应用层提供给利用 TCP/MDRP/IP 协议进行通信的程序。应用指的是一台主机上的用户进程与另一台主机上的用户进程协作。

参 考 文 献

董全, 李建东, 赵林靖, 等, 2014. 基于效用最大的多小区异构网络调度和功率控制方法. 计算机学报, 2: 373-383.

陶洋, 黄宏程, 2011. 信息网络组织与体系结构. 北京: 清华大学出版社.

陶洋, 2014. 网络系统特性研究和分析. 北京: 国防工业出版社.

叶沿飞, 2016. 计算机网络发展趋势分析//苏州: 首届国际信息化建设学术研讨会.

赵倩丽, 2013. 异构无线网络融合切换技术研究. 宁波: 宁波大学博士学位论文.

祝建建, 2010. 异构无线网络融合相关技术研究. 成都: 西南交通大学博士学位论文.

Cui H Q, Wang Y L, Guo Q, et al., 2010. Obstacle avoidance path planning of mobile beacon in wireless sensor networks//International Symposium on Computer Network and Multimedia.

第 2 章　网络资源分析

很多人对网络资源的含义和内容都只有模糊的概念或者片面的理解。本章就网络资源包含的内容进行介绍，使读者可以更好地了解网络资源，从而对网络有更深刻的认识。

2.1　网络基础资源

建立网络的目的在于实现信息的传输和共享，因此网络在一定的结构条件下必须具备传输能力、处理能力和存储能力，才能在维持自身运转的前提下保障人们对信息通信与共享的需求。

如图 2-1 所示，网络必须具有处理、传输和存储三个方面的能力和资源，如果缺少其中一个方面，网络将不可能维持自身的运行，更谈不上提供相应的资源了，因此我们可以称如图 2-1 所示的结构为网络资源环。下面简单介绍这几种基础资源。

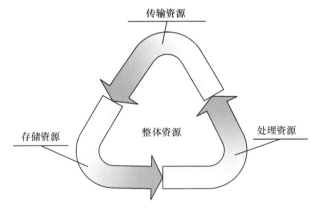

图 2-1　网络资源结构

网络的传输资源是指网络提供的单位时间内能传递的信息量大于 0 的一种能力，通常用带宽来表示，如 Mbit/s、Gbit/s 等。它保证了网络最基本的运行条件，如果没有这种能力或资源，网络是不成立的。这种资源的实现有多种方式，目前而言有电方式和光方式，也可以理解为有线方式和无线方式。

网络的处理能力就是对自然信息的加工转换，以及与传输匹配的计算能力或处理能力。在网络仅用于话音通信和电报通信的早期，这种能力包括人在网络中的操作和控制能力，如人工转接、电报译码等。现在指的是基于芯片和软件的自动处理能力，这种能力是网络给我们的应用提供的一种资源。这种资源是分布式的，且集中在网络的节点上，如交换机、路由器、用户终端等。

网络的存储能力表现在网络对信息的容纳能力，包括动态和静态两个方面。动态就是网络线路对信息的容纳能力，以及支持处理必须的动态存储机制，因为网络正常运行时，任何时刻(节点处理单元、线路)都有正在传递的信息。这种信息的量依不同的网络而不同，一般说来，人们也在追求这种存储量的提高。静态资源主要用来存储所接收的信息和要被传递的信息，通常情况下它的量是很大的，因此必须有专门的网络机制来存储才能满足相应信息传递的需要，如网络中的数据库服务器、存储局域网等。

总之，网络必须拥有传输、处理和存储等三个方面的能力和基础资源，以及相互匹配的协调关系，才能使得网络可靠地运行。

2.2　网络资源的多样性

网络资源可以分为逻辑资源与物理资源。逻辑资源主要包括域名、IP 地址、号码资源等。物理资源主要包括计算、存储、网络、传感器、硬件设备等。我们使用的网络并不是由一个网络构成，而是由许多网络互联而成。不同的网络有其特定的功能与特点。现存的多种网络为用户提供了多样的服务与资源。网络资源的多样性不但体现在不同的网络具有不同的资源，而且体现在相同的资源在不同的网络中具有不同的特性。下面从不同的网络出发，分析这些网络所拥有的资源及其特点。

2.2.1　因特网

因特网始于 1969 年美国的阿帕网，是网络与网络之间串连成的庞大网络，这些网络以一组通用的协议相连，形成逻辑上的单一巨大国际网络。因特网提供的服务包括万维网服务、电子邮件服务、远程登录服务、文件传输服务、网络电话等。下面介绍因特网包含的几种典型的网络资源。

1. 域名

我们使用的互联网是基于 TCP/IP 协议的，因此接入网络的任何一台主机都对应一个唯一的标识固定的 IP 地址，以区别网络上成千上万的用户和计算机。网络在区分所有与之相连的网络和主机时，均采用唯一、通用的地址格式，即每一个与网络相连的计算机和服务器都被指派了一个独一无二的地址。IP 地址用二进制数来表示，每个 IP 地址长 32bit，由 4 个小于 256 的数字组成，数字之间用点间隔，如 168.0.0.11 表示一个 IP 地址。由于 IP 地址是数字标识，使用时难以记忆和书写，因此在 IP 地址的基础上又发展出一种符号化的地址方案，来代替数字型的 IP 地址。每一个符号化的地址都与特定的 IP 地址对应，这样网络上的资源访问起来就容易多了。这个与网络上的数字型 IP 地址相对应的字符型地址就被称为域名。

主机名称与域名只是为了方便记忆，对于 TCP/IP 协议来说，它们是没有意义的，TCP/IP 内部不识别这些名称。如果送出的电子邮件所带的收、发信人资料是主机名称，那么信件在送出之前，系统必须要先经过域名系统将主机名转换为 IP 地址。

所谓域名解析是根据域名得到 IP 地址的过程。域名解析需要借助网络中的域名服务器。希望要解析域名的主机向域名服务器发送询问报文，域名服务器收到报文之后，运行一个名为解析器的软件，查找相应的 IP 地址，找到后回答一个响应报文，应用程序得到响应报文中的 IP 地址，便完成了域名的解析。如果被询问的域名服务器无法解析域名，它会询问另一个域名服务器。依此类推，直到完成解析或询问完所有的域名服务器。

2. 网络信息资源

网络信息资源是指通过计算机网络可以利用的各种信息资源的总和。计算机访问的网络信息资源主要通过 HTTP 协议访问页面，具有如下特性。

(1) 交互特性

网络信息资源的交互特性体现在网络资源能满足用户与用户、用户与网络、网络与网络之间的信息交流互换。用户间借助网络终端呈现多种交互方式，如文字、语音、图片、图像、视频等。

(2) 可存储性

网络信息资源的存储指通过网络存储设备，包括专用数据交换设备等存储介质，以及专用的存储软件，利用原有网络或构建一个存储专用网络为用户提供统一的信息存取和共享服务。

(3) 可恢复性

可恢复性包括网络数据信息资源的可恢复性、网络链路的可恢复性。网络数据资源的可恢复性建立在网络可存储性的基础上，一般通过专业的数据存储管理软件结合相应的存储设备来实现。网络链路的可恢复性主要体现在网络硬件资源和软件资源对网络链路、网络拓扑的容错检测和恢复。

(4) 可计算性

可计算性描述的是网络信息资源的可计算性，主要表现在网络对资源容量的可计算和对网络资源的评估。网络信息资源的可计算性为资源的高效利用提供基础平台，其可计算性包括宏观的网络吞吐量、网络容量、用户数量的计算，以及微观的 CPU 占用率、内存占用量等。

3. 存储资源

(1) 典型网络存储技术的特点

① 直接附加存储(direct access storage，DAS)也叫服务器直连存储，是一种传统的存储方式，通过标准的接口，直接挂接在各种服务器或客户端扩展接口下，服务器直接访问其中的数据。直接附加存储使用过程和使用本机硬盘两者之间的差别很小，配置快捷方便，成本相对较低，采用 DAS 的方式可以简单地实现平台的扩容。

数据库应用程序则可以跳过文件系统，通过使用原始分区对文件进行直接管理。由于 DAS 配置简单，众多小型企业比较青睐这种方案。

② 网络附加存储(network attached storage，NAS)直接连接到网络，如某局域网的存储器，通过网络文件系统用于 Unix 环境，或者公用 Internet 文件系统用于 Windows 环境等标准化的协议，提供文件级的数据访问。NAS 优化了网络文件共享的概念，使用成熟的 IP 以太网技术，数据采集采用 TCP/IP 协议，通过设定 NAS 产品 IP 地址的方式使 NAS 产品入网，并实现任意位置的数据访问。

在 NAS 网络中，计算机系统通过文件重定向器从一个 NAS 得到数据。当一个用户或应用试图通过网络访问 NAS 中的数据时，重定向器会把对本地文件系统的本地路径重定向到使用 TCP 协议的网络操作，从而连接到某个远程服务器。服务器上运行的软件提供支持多个客户访问的文件系统。

③ 存储区域网(storage area network，SAN)是一项比较新的存储技术，通过一个从局域网中分离出来的单独网络进行存储，并提供企业级的存储服务。该网络连接所有相关的存储装置和服务器。

SAN 方式易于集成，便于扩展，能改善数据可用性和网络性能，由于光纤通道技术具有带宽高、误码率低和距离长等特点，因此利用 SAN 不但可以提供更大容量的存储数据，而且在地域上可以分散、缓解大量数据传输对局域网的影响。SAN 的连接存储器和服务器之间的单元包括路由器、集线器、交换机和网关，SAN 可在服务器间共享，也可以为某一服务器专有，既可以是本地的存储设备，也可以扩展到地理区域上的其他地方。

(2) 三者比较

从发展历史来看，DAS 是一种传统的存储方法，NAS 和 SAN 则相对较新。特别是，SAN 有许多新的标准。

从技术层面来说，对于数据的共享，NAS 比较容易实现，而 DAS 则比较困难。DAS 具有费用低、技术成熟、安装简单、适合单独的服务器连接等优点，缺点是距离短、扩展性差、信息资源利用率不高。NAS 安装过程简单，易于管理，可以利用现有的网络实现文件共享，扩展性较高，但是增加了额外的网络开销，对系统资源占用率较高。SAN 性能高，扩展性强，光纤连接距离远，可连接多个磁盘阵列或磁带库组成存储池，易于管理，通过备份软件可以减轻服务器和网络的负担。

4. 计算资源

随着信息技术的发展和个人电脑的普及，随之产生的问题是电脑的利用率。通过互联网，我们可以连接调用一些没有被完全使用的计算资源，充分利用其计算能力。

分布式计算的优缺点如下。

① 低廉的计算机与网络连接价格。随着技术的进步，如今的个人计算机比初期的大型计算机拥有更强大的计算处理能力，无论是体积，还是价格都在不断地下降，并且 Internet 随着连接越来越普及，将大量的计算机互联成一个分布式计算系统成为可能。

② 资源共享。分布式计算体系具有现代计算组织结构的优势。每个组织通过网络可以实现资源的共享，所以维护本地组织的计算机资源是独立的。通过分布式计算，资源可以非常有效的汇集。

③ 可伸缩性。在一台计算机中，可用资源往往受限于此计算机的能力。与之对比，分布式计算具有很好的伸缩性。例如，对于一个电子邮件服务器，当更多的请求被提交时，分布式系统可以增加服务器，以满足不断增长的电子邮件业务需求。

④ 多点故障。由于连接多个计算机，分布式计算因为其特殊的结构导致存在多点故障的问题。所有的计算机都通过网络相连，如果其中有一台计算机出现故障，或者一条网络连接发生故障，就会导致分布式系统出现问题。

⑤ 安全考虑。分布式系统因为其系统的开放性，所以给接入系统的用户提供了入侵系统的机会。在传统的集中式系统中，所有的资源一般都是由一个管理人员负责，统一调度。分布式系统由于其结构的设计，管理结构包括很多独立的组织或者个人。这就使管理的难度大大增大，安全机制也变得更加复杂，而且系统

将参与者连成一个整体，如果分布式系统受到入侵，很可能导致系统内的其他用户都受到影响。

5. 有线信道

(1) 有线信道

因特网使用有线信道，传输媒体主要包括明线、对称电缆、同轴电缆和光纤。有线信道传输媒介是导线，传输稳定且速率较高、信噪比高、频带窄，存在回波和非线性失真。

(2) 信道编码

编码的实质就是将信息通过一定的规则转换成其他形式。例如，用某一方式把图像文字等信息转变为数码。

在网络传输中，编码主要有信源编码和信道编码两大类。

通过对信源编码，我们可以降低信息量，如对视频文件进行编码，可大大降低视频文件的大小。

信道编码包括循环冗余校验码(cyclic redundancy check，CRC)、卷积、交织。信道编码会增加一定的信息量，但是可以提高信息交换的质量。

编码的最大技术特点是只对原始信号(承载信息)进行加工处理，不涉及其他的辅助信号(不承载信息)。这是其与调制本质的区别。

由于这个特点，不是所有带"码"字的术语都属于编码，如扩频码、扰码就不是编码，而是属于调制。

2.2.2　移动互联网

移动互联网随着移动智能终端的发展而兴起，各种新兴业务也在蓬勃发展随着多年的发展，我国的手机上网人数已经位居世界第一，并保持增长的势头。下面分析移动互联网的典型网络资源。

1. 无线信道

无线信道具有如下特点。

(1) 多径传播和时延扩展

在无线信道中，电波的传播是很多来自不同路径的反射波的集合。在各个路径中，电波传输的距离不同，因此从不同路径来的反射波到达的时间会有差异，当发送端发送一个极窄的脉冲信号时，移动台接收的信号由许多不同时延的脉冲组成，我们称之为时延扩展。

(2) 衰弱

由于路径的不同，反射波到达的时间和相位也会不同。来自不同相位的信号相互叠加，方向相同时，叠加得到增强；方向相反时，叠加出现衰弱。

(3) 多普勒效应

多普勒效应影响无线信道，对于移动通信系统，当向基站移动时，信号频率会变高，而离开基站的时候，信号频率会变低。

2. 移动端网络信息资源

移动终端浏览网络信息资源一般是打开 WAP 网站，这是专门针对手机设计的。如果是打开 WWW 页面则和计算机是没有区别的。浏览 WAP 网页时，由运营商把用户的手机号码发送给用户正在浏览的网页提供商，再由提供商向用户提供访问内容。移动端访问 WAP 网页的网络信息资源特性如下。

(1) 可移动性

这种网站提供的内容是可以在手机上访问的，只要手机有信号，就可以随时访问。不同于传统网站的管理员，WAP 网站管理员需要提供移动用户感兴趣的内容。

(2) 用户群的固定性

WAP 网页的用户群只包含手机用户。手机号码对于挖掘客户价值具有重大意义。

(3) 资源的局限性

移动端网络信息资源是在手机屏幕上显示的。毫无疑问，手机屏幕的尺寸具有局限性，受限于显示屏幕的大小，同时手机终端处理能力普遍比较弱，手机对于动画和视频的处理能力有待加强。

3. 计算机与手机 IP 地址分配的异同

如果我们使用手机接入互联网是通过宽带无线信号(如 WIFI)，则 IP 地址的分配方式基本相同。

如果使用手机数据流量上网，则情况会发生变化。每个基站会分配一个地址池，手机卡获得一个动态 IP，通过固定的接入点名称 (access point name，APN) 上网。这个 IP 地址会不断地变化，如果在同一个地方，只要断开网络再重新连接网络，手机拥有的将是另一个 IP 地址。这个 IP 地址是基站按照一定的算法从地址池自动分配的，也可以付费达到固定 IP 的目的。

2.2.3　电信网

电信网为人们的日常沟通带来极大的便利。随着技术的不断发展，电信网承载的服务也在不断地增长，同时我们对信息的获取和交换的需求也在日益增大。

随着电信网的不断发展，有效地利用电信网的资源，提高资源利用率越来越成为一个热点问题。下面介绍电信网的号码资源和用户线资源。

1. 号码资源

号码是非常重要的电信资源，是对通信实体的标识，具有唯一性。电信资源由无线电频率、卫星轨道位置和电信网码号等构成。电信资源是电信企业运营和对用户提供服务的根本，如何高效地利用电信资源，提高服务质量尤为重要。

号码资源的两个重要特性就是唯一性和不可再生性。提高号码资源的利用率，对于提高电信服务质量具有重要意义。随着通信技术的迅猛发展和人们对通信需求量的极速增长，号码资源存在利用率不高的问题，很多号码被闲置，得不到有效的回收利用。如何对珍贵的号码资源进行使用和管理，以及如何进行号码资源的回收与再利用非常重要。

号码资源的管理与分配是指电信企业对国家分配的号码资源的管理与分配，目前国家对电信企业发放号码资源的方式有两种。

① 电信运营商可以向国家电信管制机构申请号码资源。电信管制机构对其申请进行审核，根据审核结果对运营商发放号码资源。

② 电信运营商使用号码资源时，需要向电信监管部门支付费用以获取相关号码的使用权。电信监管部门根据规划将号码资源发放给电信企业，供其相关业务的发展。

电信运营商的绝大部分业务都需要号码资源的支撑。对于运营商，获取足够的号码资源十分重要，谁获取的号码资源越多，就越可能在市场上占据主动。

2. 用户线资源

电话网的发展与普及使电话用户线接入千家万户。标准模拟电话信号的频带被限制在 300～3400Hz，而用户线最高能使用频率达 1MHz，所以没有被使用的部分可以用来上网。

(1) xDSL 技术

xDSL 是通过在已经架设好的电话线上使用未被利用高频率的一种新的传输技术，即通过在模拟线路中加入获取更多的数字数据的信号处理技术来获得高传输速率(理论值可达到 52Mbit/s)。如今数字用户环路(digital subscriber loop，DSL)技术的差异主要是传输速率和距离，上行、下行信道是否对称。ADSL 频率使用情况如图 2-2 所示。

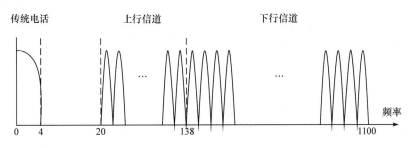

图 2-2　ADSL 频率使用情况

(2) xDSL 的应用

随着以 IP 技术为载体的数据业务的迅速发展,数据业务已经成为网络的主要流量,运营商纷纷把宽带业务作为重点发展的战略性业务, DSL 已成为宽带接入技术领域中的主力军。

宽带接入技术发展最快的是 xDSL 技术。xDSL 技术主要分为对称 DSL 和非对称 DSL,上下行对称的 DSL 主要有 HDSL、CiDSL 和 SHDSL 等。上下行非对称的 DSL 主要有 RADSL、ADSL 和 VDSL 等。

虽然 xDSL 发展出很多技术成员,但是应用与市场上的主要是 ADSL、VDSL 和 SHDSL。

ADSL 技术的应用特别广泛,超过 90%的市场份额都被 ADSL 技术占据, VDSL 和 SHDSL 实际应用较少。

ADSL 技术占领如此多的市场份额得益于早期互联网的发展。早期用户主要是为了浏览网页上的文字和图片信息,对下载速度的需求远高于上行速度的需求。ADSL 基本可以满足这种特定时期的需求。ADSL 技术可以提供不错的接入距离,长至 6km,因此 ADSL 技术得到广泛的应用。

2.2.4　物联网

物联网(internet of things, IoT)就是物物相连的互联网。物联网通过激光扫描器、红外感应器、射频识别、气体感应器、全球定位系统等信息传感设备, 使用网络协议把一切物品与互联网相连,进行数据传递和通信,以实现智能化识别、定位、跟踪、监控和管理。下面介绍支撑物联网感知层的传感器。

传感器(transducer/sensor)是物联网的重要组成部分,能感应一种或多种测量量,并把测量到的信息转变为电信号。传感器主要由辅助电源、变换电路、转换元件、敏感元件模块组成,如图 2-3 所示。

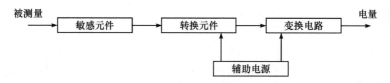

图 2-3　传感器的组成

敏感元件可以用于监测，获取监测量，按照一定的关系输出物理量信号。变换电路的主要功能是对电信号进行放大。转换元件的主要功能是将物理量信号转换为电信号。转换元件和变换电路模块通常需要外接电源。常见的传感器有如下几种类型。

① 霍尔传感器属于磁场传感器，其原理是霍尔效应，可以广泛地应用于工业自动化技术、检测技术及信息处理等方面。霍尔效应是研究半导体材料性能的基本方法。通过霍尔效应实验测定的霍尔系数，能够判断半导体材料的导电类型、载流子浓度、载流子迁移率等重要参数。

② 光敏传感器是一种常见的传感器，对可见光波长的附近，以及红、紫外线波长非常敏感。光传感器除了可以对光进行探测，同样能充当探测元件组成其他传感器，对众多的非电量进行感应，只需要把非电量变化转变成光信号的变化。光传感器的市场需求量非常大，是目前产量和应用最多的传感器之一。

③ 24GHz 雷达传感器被广泛应用于智能交通、工业控制、安防、体育运动、智能家居等行业。其主要功能是测量速度、方向、方位角度信息。24GHz 雷达传感使用平面微带天线设计，因体积小、质量轻、灵敏度高、稳定强，具有广阔的应用空间。工业和信息化部 2012 年 11 月 19 日正式发布了《工业和信息化部关于发布 24GHz 频段短距离车载雷达设备使用频率的通知》，明确提出 24GHz 频段短距离车载雷达设备作为车载雷达设备的规范。

2.3　网络资源虚拟化

2.3.1　网络传输虚拟化

网络的传输虚拟特性是近几年网络研究中的一个热点，通过传输虚拟化进一步提升网络虚拟化的能力。网络传输虚拟化技术包括虚拟专用局域网业务(virtual private LAN service, VPLS)、虚拟专用网络(virtual private network, VPN)和虚拟局域网(virtual local area network, VLAN)。下面介绍两种具有代表性的网络虚拟传输技术。

1. VLAN

VLAN 对用户和设备进行逻辑抽象,可以使设备和用户突破物理位置的障碍。通常根据业务需求、部门分布、网络状态等因素, 把它们有机地组合起来, 使其通信如同在一个网段。

VLAN 技术的优点如下。

① 控制网络的广播风暴。采用 VLAN 技术, 可将某个交换端口划到某个 VLAN 中, 而一个 VLAN 的广播风暴不会影响其他 VLAN 的性能。

② 确保网络安全。共享式局域网只要插入一个端口, 用户就可以访问网络, 因此安全性很难得到保障, 但是 VLAN 能对用户的接入进行有效的限制。例如, 锁定设备的 MAC 地址, 这样便能大大增强网络的安全。

③ 简化网络管理。VLAN 技术可以简化网络的管理, 大大减轻网络管理员的工作量。即使用户分布在全球各地, 但是只需网络管理员的几条命令便可以建立一个 VLAN, 而且这些用户使用 VLAN 就如同使用本地局域网。

定义 VLAN 成员的方法有很多, 由此也分成了几种不同类型的 VLAN。

(1) 基于端口的 VLAN

最常见的对 VLAN 划分的方式是基于交换机端口的 VLAN, 绝大部分交换机支持这种方式。基于交换机端口的 VLAN, 网络管理员可以通过软件或直接设置交换机, 把端口直接分配给某个 VLAN, 除非对其进行重新设置, 被指定的端口将一直属于指定的 VLAN。基于端口的 VLAN 包括如下两种方式。

① 多交换机端口定义 VLAN。如图 2-4 所示, 交换机 1 的 1、2、3 端口和交换机 2 的 4、5、6 端口组成 VLAN1, 交换机 1 的 4、5、6、7、8 端口和交换机 2 的 1、2、7、8 端口组成 VLAN2。

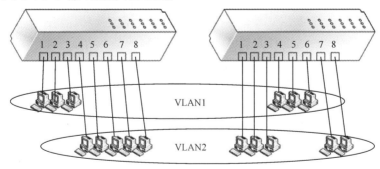

图 2-4　多交换机端口定义 VLAN

② 单交换机端口定义 VLAN。如图 2-5 所示, 交换机的 1、2、6、7、8 端口组成 VLAN1, 3、4、5 端口组成 VLAN2。这种 VLAN 只支持一个交换机。基于

端口的 VLAN 的划分简单、有效，但缺点是当用户从一个端口移动到另一个端口时，网络管理员必须对 VLAN 成员进行重新配置。

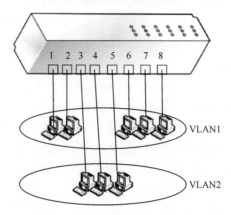

图 2-5　单交换机端口定义 VLAN

(2) 基于 MAC 地址的 VLAN

所谓基于 MAC 地址，就是通过设备的 MAC 地址来组建 VLAN。MAC 具有唯一性，从而可以实现该设备移动到其他网段，也可以自动接入 VALN，不用再设置。这种方法使用灵活，特别适合成员较小的 VLAN，但是当成员、设备不断加入时，管理起来有一定的难度。

(3) 基于路由的 VLAN

路由协议工作在 OSI 七层网络模型的第 3 层——网络层。常见的路由协议有基于 IP 和 IPX 的路由协议等，工作在网络层的设备包括路由器和路由交换机。基于路由的 VLAN 允许一个 VLAN 跨越多个交换机，也允许一个端口处于不同的VLAN，这样就很容易实现 VLAN 之间的路由，把交换功能与路由功能融合在VLAN 交换机中。通过这种方式可以实现 VLAN 的基本功能，即控制广播风暴，但这种方式影响 VLAN 成员间的通信速度。

就目前来说，划分 VLAN 一般使用(1)和(3)这两种方式，(2)通常作为辅助方案。目前的 VLAN 技术基本能够满足广大网络用户的需求，但是在网络性能、网络通信优先级控制等方面还有待加强。

2. VPN

VPN 的主要功能是在巨大的公共网络上建立起自己的虚拟网络。VPN 技术广泛应用于各大企业，可以对数据包加密，也可以对数据包目标地址进行转换实现远程访问。架设虚拟专用网络，可以通过服务器、硬件、软件等多种方式实现。

VPN 技术最大的优点是成本低廉、易于使用。VPN 结构如图 2-6 所示。

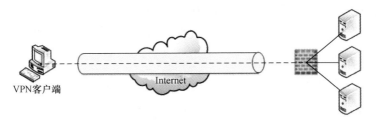

VPN客户端

VPN服务器端

图 2-6　VPN 结构

VPN 是一种远程访问技术，通过使用公用的网络来架设专用网络。例如，企业有员工出差到外地，并且需要访问企业内网的资源，这就属于远程访问。所谓使用 VPN 来解决解上述问题的实质是在本地内网架设一台 VPN 服务器。出差在外的员工连接上外地的互联网后，便可接入架设在公司内网的 VPN 服务器，这样就可以使用 VPN 服务器进入公司内网。通过 VPN 技术，用户就可以在外地方便快捷地访问公司内网资源了。

VPN 具有如下优点。

① VPN 可以实现外地员工随时随地的利用宽带网(移动网、光纤宽带或者 WIFI 网络)连接到企业网络。此外，高速宽带网连接相较传统的租用数字数据网专线，可以大大降低成本。

② VPN 可以模块化设计和升级。VPN 技术可以让管理者使用一种很方便设置的互联网基础设施，让新的用户快捷地加入。这就代表企业不必花费额外的基础设施投资就可以提供大量的容量和应用。

③ VPN 安全性非常高。使用加密技术和用于身份识别的协议可以确保传输的数据不受到恶意抓取，避免数据恶意获取者接触这种数据。

④ VPN 提供完全的控制。VPN 能够让用户使用 ISP 的设施和提供的服务，同时又牢牢掌控网络的控制权。用户只利用 ISP 提供的网络资源，对于其他的安全设置和网络管理变化可由自己管理。企业内部也可以自己建立虚拟专用网。

2.3.2　存储虚拟化

1. 定义

存储虚拟化的实质是对真实存在的存储资源从逻辑上进行抽象。存储虚拟化的思想是将资源的逻辑映像与物理存储分开，底层硬件对使用者透明，通过虚拟化技术，管理员看到的是对底层物理资源虚拟化后的逻辑意义上的存储资源。

对于使用者来说，存储资源被虚拟成一个巨大的整体，使用者不必考虑数据存储的具体操作，也不必关心数据经过哪一条路径通往哪一个具体的存储设备。

2. 存储虚拟化的分类

存储技术的发展经历了从磁盘、磁带、硬盘，再到虚拟化存储系统。如今流行的存储虚拟化技术主要有 NAS 和 SAN 两种。

(1) NAS

NAS 的实质是把存储设备连接到网络上，因此也称为网络存储器。

网络附属存储一般会在局域网上占有自己的节点，用户可以通过网络进行数据存储。NAS 便可以集中管理所有的数据，同时解放服务器，降低企业成本。NAS 拓扑结构如图 2-7 所示。

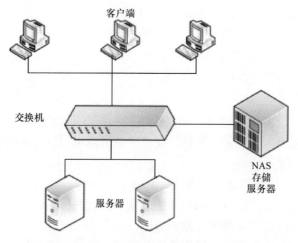

图 2-7　NAS 拓扑结构图

NAS 技术的优点如下。

① NAS 设备安装非常容易，易于管理。NAS 设备在数据必须长距离传送的环境中可以很好地发挥作用。

② NAS 设备利用现有的网络实现文件共享，扩展性好，可以满足无专用直接连接存储设备的主机存储需要。

(2) SAN

SAN 是一项比较新的存储技术，通过一个从局域网中分离出来的单独网络进行存储，并提供企业级的存储服务。该网络连接所有相关的存储装置和服务器。SAN 方式易于集成，便于扩展，能改善数据可用性和网络性能，因此利用 SAN 不但可以提供更大容量的数据存储，而且在地域上可以分散、缓解数据传输对于局域网的影响。SAN 的连接存储器和服务器之间的单元包括路由器、集线器、交换机和网关。SAN 可以在服务器间共享，也可以为某一服务器专有，既可以是本地的存储设备，也可以扩展到地理区域上的其他地方。SAN 网络拓扑如图 2-8 所示。

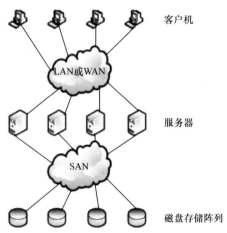

图 2-8　SAN 网络拓扑

SAN 与 NAS 具有如下不同。

① SAN 是基于网络的，NAS 产品则是文件服务器或一个只读文件访问设备。

② SAN 是在服务器和存储器之间用作 I/O 路径的专用网络。

③ SAN 包括面向块(iSCSI)和文件(NAS)的存储产品。

④ NAS 产品能通过 SAN 连接到存储设备。

2.3.3　计算资源虚拟化

1. 定义和特点

计算资源虚拟化是近几年 IT 行业的一大发展趋势，具有隔离性、资源分配、灵活性等特性。

计算资源虚拟化凭借虚拟出的多个虚拟机器实现不同应用的计算，以此形成隔离，通过隔离可以解决四大类型的冲突，包括磁盘冲突、网络端口冲突、安全策略冲突、操作系统版本冲突。

由于业务的计算需求是不断变化的，为了保证业务良好运转，系统程序需要按照其峰值进行一一配备，由此会产生大量工作，而计算资源虚拟化则可以实现错峰，即根据忙闲时灵活分配计算资源。

计算资源虚拟化可以部署多个虚拟机为业务提供服务，也可以直接将虚拟的机器进行"在线迁移"，实现在不同环境下的持续服务。

2. 网格计算

(1) 什么是网格计算

网格计算是一种新兴的计算模式，目的是提高资源的利用率。随着处理器性能的日益强劲，越来越多的个人计算机的计算能力没有得到充分的利用，网格计算是一种动态、跨域的协调资源使用的系统。通过网格计算，我们可以把孤立的闲置资源通过网络连接起来。分布式计算系统如图 2-9 所示。

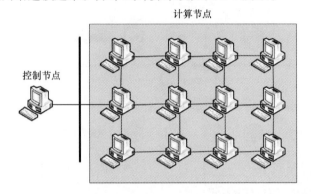

图 2-9　分布式计算系统示意图

并行计算系统和分布式计算系统的区别如图 2-10 所示。图 2-10(a)是一个分布式系统，计算机都有属于自身的内存；图 2-10(b)是多个不同的处理器共享同一个内存的处理系统。

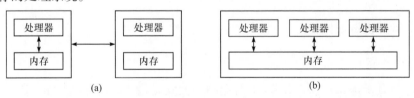

图 2-10　并行计算系统和分布式计算系统的区别

网格计算把分散的计算资源通过网络连接成一个逻辑上的整体，并可以充分利用处理器的计算资源。

这里提出的是相对抽象、广义的网格计算概念。网格计算也拥有狭义的定义。狭义网格定义的网格资源主要是指分布的计算机资源，而网格计算是指将分布的计算机组织起来，协同解决复杂的科学与工程计算问题。狭义的网格一般称为计算网格，即主要用于解决科学与工程计算问题的网格。

(2) 网格计算的目的和意义

网格的概念是由电网的概念引申出来的，日常生活中使用的电力不需要知道它是从哪个地点的发电站输送出来的，我们使用的是一种统一形式的"电能"。网格计算能使大量的用户通过互联网实现计算资源的共享，类似于电网。图 2-11 是电网和网格组成对比示意图。

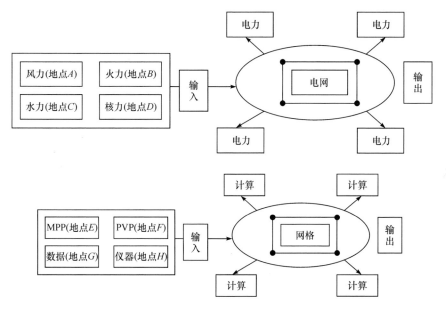

图 2-11 电网和网格组成对比示意图

网格计算可以实现计算资源和其他资源的高效利用，对降低计算成本和提高处理能力具有重大的意义。

3. 云计算

早在几十年前，就有专家预言：未来使用计算资源就如同用水和用电一样。云计算是从集群计算、效用计算、网格计算等分布式计算发展而来，除了具备分布式计算的特性，云计算还有其独有的特性(原则)。

① 任何订阅用户均可使用的计算资源池。

② 最大化硬件利用率的虚拟计算资源。

③ 按需伸缩的弹性机制。

④ 自动新增或删除虚拟机。

⑤ 对资源使用只按使用量进行计费。

这些原则在未来不会发生显著变化，我们认为这些原则是把某事物称为云计算的必要条件。表 2-1 对这些原则进行了总结。

接下来具体讨论这些原则，解释每条原则的含义及其是云计算支柱的原因。

表 2-1 云计算的 5 大原则

原则	解释
资源池	资源以共享资源池的方式统一管理
虚拟化	硬件资源的高利用率
弹性	规模可伸缩
自动化	构建、部署、配置、供应和转移自动完成
度量计费	对使用部分计费

① 计算资源池。资源以共享资源池的方式统一管理，利用虚拟化技术，将资源分享给不同的用户，资源的放置、管理与分配策略对用户透明。

② 计算资源虚拟化。用户可以自己选择所需的 CPU 数目、内存磁盘大小、宽带等资源。通过虚拟机封装，可以实现用户之间的互不干扰。

③ 随资源需求量伸缩的弹性。云计算可以根据服务的资源需求进行弹性伸缩，自动适应业务负载的不断变化，即使业务负载快速增长，也不会因为资源的限制造成服务质量下降，当业务负载下降时，资源也会自动释放，不会造成服务器性能过剩。

④ 新资源部署自动化。云计算的新资源部署自动化指的是云计算系统可以自动部署一个新的虚拟机，而且支持批量部署，部署速度非常快。对应的，当业务缩减时，也可以回收不需要的虚拟机，实现资源的高效利用。

⑤ 按使用情况度量收费。实时对用户的资源使用量进行监控，系统可以根据用户对资源的使用情况计费，从而实现灵活的按需收费，不同于以往的按时间收费。

2.4 网络资源多维扩展与应用

2.4.1 多径并行传输技术

随着泛在网、物联网等异构网络的进一步发展，全球微波互联接入(worldwide

interoperability for microwave access，WiMAX)、无线保真技术(wireless fidelity，WIFI)、长期演进技术(long term evolution，LTE)等通信技术得到进一步发展，异构网络环境下接入 Internet 网络的方式变得日益多样化，然而带宽资源的稀缺依然是限制用户服务质量(quality of service，QoS)提升的重要原因。尤其是对于高带宽需求的多媒体应用，如视频流、高清电视等。终端通过多条链路接入服务器，如图 2-12 所示。

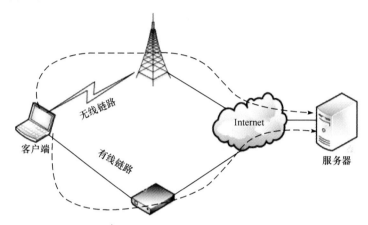

图 2-12　终端通过多条链路接入服务器

长期演进技术等通信技术得到进一步发展，异构网络环境下接入 Internet 网络的方式变得日益多样化，带宽资源提供了聚合多路径能力的不同解决方案。

(1) 应用层

基于应用层实现的多径并行传输方法的基本思路是建立多个传输控制协议连接，并绑定至不同的互联网协议地址，数据按比例分配至不同的链路上传输。应用层的实施方案一般通过在应用层与传输层之间添加中间件来实现。通过使用中间件，应用被切分为不同分段或不同类别，通过不同的接口传输。如图 2-13 所示，为服务器端通过添加中间件实现多径并发传输的示例。根据使用中间件的方式不同，应用层方案可以分为显式中间件和隐式中间件。

隐式中间件易于部署，并且对所有应用都兼容，但实施难度相对较大。显式中间件需要对应用程序进行修改，使应用可以感知中间件的存在，并获取更多应用信息，为多路径并行传输提供更好的性能。

隐式中间件可以在不对系统架构做任何改变的情况下实现多径并发传输。在这种情况下，中间件使用与传输层提供给应用层相同的接口链路。由于多个接口的使用可能伴随接收端数据包乱序问题，解决方案需要提供一定的修复机制。对此，我们可以将所有属于同一 TCP 连接的数据包通过同一接口传输，不同连接中的数据包使用不同的接口并发传输。

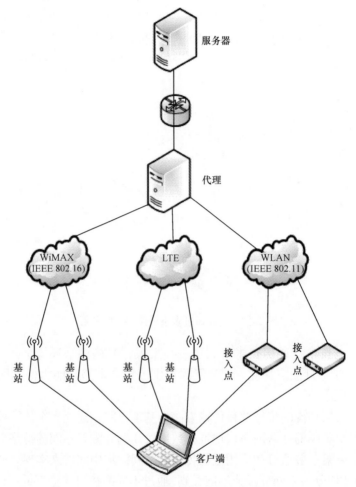

图 2-13　基于中间件的多路径并行传输

(2) 网络层

网络层通过提供端到端的多路径路由协议来保证负载均衡，从而实现多路径并行传输。为了将 IP 流推送到不同的路径，终端必须首先支持多宿特性，即可以绑定多个 IP 地址。每个物理接口对应一个 IP 地址，多宿终端可以通过多块网卡连接服务器。网络层可以为传输层和应用层屏蔽底层协议的异构性。在网络层实现方案中，从传输层视角出发所有的路径属于同一个数据流，或者理解为某个接口由通往目的端的多条不同路径组成。这种 IP 封装技术与移动 IP 标准中的隧道技术类似。

2.4.2　多径并行传输架构

基于对多径传输的分析，本节提出一种多径并行传输系统的架构。为了提供有效的路径聚合效益，如图 2-14 所示的一个多路径传输系统至少包括流量分割、接口选择(链路选择)、调度算法、链路监控、重排序单元。

(1) 流量分割

流量分割是发送端将大段数据块切分成不同或相同大小的数据单元。数据单元的大小由流量分割的粒度决定，主要分为如下几类。

① 数据包层面的流量分割。数据包是数据流的最小组成单位，因此这种分割方法粒度最小，在发送端数据包发送到每条链路的概率相互独立。

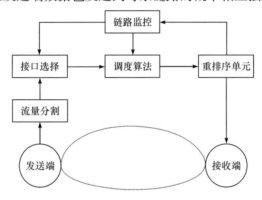

图 2-14　多径并行传输系统架构

② 流层面的流量分割。在数据包封装时，将特定的目的地址封装在数据包头部，然后将具有相同目的地址的数据包聚合成一条数据流，不同数据流相互独立，并通过唯一的流标识符进行区分。基于流层面的流量分割可以有效地解决数据乱序对多径传输的影响，然而由于不同流的大小、不同链路的容量存在一定的差异，容易导致链路负载失衡。

③ 子流层面的流量分割。将具有相同目的端头部的数据流拆分成多个子流，所有子流中的数据包具有相同的目的地址。通过该方法可以在一定程度上解决流层面流量分割算法造成的负载失衡问题。

(2) 接口选择

接口选择负责选取最优的接口组合集实现理想的带宽聚合效益。可以通过引入效益函数，综合考虑可用接口的特点(带宽、时延、丢包等)，最优化该效益函数来实现相应要求。

(3) 调度算法

调度算法是带宽聚合架构的核心，用来决定如何分流业务及业务子流的调度顺序，保证业务子流能够有序到达接收端。常用的调度算法有如下几种。

① 轮循调度。在轮循调度策略中，所有数据在多条并发链路上按照一种轮循的方式传递，这种方式最简单，系统资源开销最省。链路差异导致不同链路能容纳数据包的程度不同，使用轮循调度系统的总体吞吐性能将受限于容量最小链路。

② 基于数据包信息的调度。这种调度策略从数据包头部获取数据包的标识信息，根据标识信息对各数据包进行归类，并通过不同传输链路进行传输。根据对数据包标识信息归类方法的不同可以产生不同的调度策略。

③ 基于数据流参数的调度。对数据的调度按照数据流参数的不同而分配至不同链路，涉及的数据流参数包括数据流负载、数据流速率、数据流大小，以及活动数据流的数目等。

④ 基于网络环境的调度。该调度策略依据网络环境动态变化，对网络环境信息的提取包括路径时延、丢包、队列长度等。

(4) 重排序单元

重排序单元一般在接收端，用来重排序接收到的数据包，保证数据包按照传输序列号有序呈递。重排序单元通过开辟重排序缓冲区实现上述功能。缓冲区大小的设定既要满足接收数据包的要求，又不能超越终端能力的限制。

(5) 链路监控

链路监控模块的引入可以保证随着网络动态变化，负载能够在各传输链路上保持均衡，多径聚合效益能够稳定实现。链路监控模块需要实时获取链路状态信息，并对信息进行处理。

参 考 文 献

高冲, 2014. 异构网络环境下多径并行传输若干关键技术研究. 上海: 华东理工大学硕士学位论文.

胡凯, 宋京民, 2001. 网络计算新技术. 北京: 科学出版社.

倪宏, 匡振国, 2009. 网络资源描述和组织方法研究. 计算机工程与应用, 45(8): 90-92.

陶洋, 黄宏程, 2011. 信息网络组织与体系结构. 北京: 清华大学出版社.

陶洋, 2010. 多网络接口设备的数据并发传输方法. 中国: 201010210384. 1.

陶洋, 2014. 网络系统特性研究和分析. 北京: 国防工业出版社.

谢希仁, 2008. 计算机网络(5 版). 北京: 电子工业出版社.

张云帆, 2012. 云计算 IaaS 资源池规划和建设方法研究. 电信快报, 12: 19-27.

Hwang K, Fux G C, Dongarra J J, 2013. 云计算与分布式系统. 武永卫, 秦中元, 李振宇, 等译. 北京: 机械工业出版社.

第3章 多维路由系统与协议

3.1 概 念

网络互联的重要设备之一是路由器。路由器用于连接多个逻辑上分开的网络。逻辑网络是指某个单独的网络或者子网。数据从一个子网到另一个子网进行传输时，可以由路由器完成，因此路由器具有判断网络地址和选择网络路径的功能，能在多网络互联环境中建立灵活的连接，可用完全不同的数据分组和介质访问方法连接各种子网。路由器是一种互联设备，工作在网络层、接收源站或其他路由器发送的信息，但不关心各个子网使用的是何种硬件。另外，它要求运行与网络层协议一致的软件。路由器可以分为本地和远程路由器，网络传输介质的连接由本地路由器完成，远程路由器用来与远程传输介质连接，例如电话线需要配调制解调器、无线需要通过无线接收机和发射机。

数据转发由路由决定。转发策略就是通常所说的路由选择，路由器的名称正是由此而来。路由器构成 Internet 的"骨架"，其处理速度是网络通信的主要瓶颈之一，而网络互联的质量取决于它的可靠性。

路由器的功能主要分为路由选择和分组转发。通过路由协议，路由器可构造路由表，同时经常或定期与相邻路由器交换路由信息，不断地更新和维护路由表。分组转发部分包括交换结构、输入端口和输出端口。交换结构又称交换组织，其作用是根据转发表对分组进行处理，将收到的 IP 数据包从路由器合适的端口转发出去。转发表是从路由表得来的，包含转发功能必备的信息，也就是说，转发表中的每一行必须包含从要到达的目的网络到输出端口及下一跳 MAC 地址的映射。典型的路由器结构如图 3-1 所示。

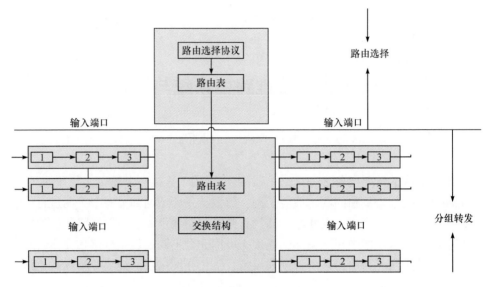

图 3-1　路由器结构图

3.2　多维路由结构

3.2.1　多维网络节点

多维网络是在多种接入网络共同存在的广泛融合网络上建立的一种虚拟网络，其路由机制工作在多维网络层，对现有的单一 IP 网络路由机制具有兼容性。因此，在考虑多维网络的路由机制时，可以从一种比较广泛的视角出发，对同一接入网络节点的通信透明，同一接入网络节点的通信仍可采用现有单一网络中的路由协议。在一个多维网络中，已经假定同一接入网络中任意两个节点都可以直接通信，并且多维网络中的节点需要检测自己拥有的通信方式。

如图 3-2 所示，C、D、I、J、G 节点相应构成一个多维网络，在 C、D 的通信过程中，也许会经过该接入网络 1 中的路由器进行中转，而在多维网络中对这种中转情况透明化，类似于直接通信，即节点 D 在接入网络 1 中与节点 C 可以直接通信，在接入网络 2 中与节点 I 和 J 都可以直接通信。

(1) 节点类型

多维网络中的节点，包含如下三类。

① 邻居节点。在多维网络中，能直接通信的两个节点称为邻居节点，而在一个多维网络中，已经假定同一接入网络中的任意两个节点都可以直接通信。因此，

同一接入网络中的节点两两互为邻居节点。如图 3-2 所示，对于节点 *C*，其邻居节点包含 *D*；对于节点 *D*，其邻居节点包括 *C*、*I*、*J*。

② 中继节点。在多维网络中，至少接入两种或两种以上网络，并可担任数据转发功能的节点称为中继节点。如图 3-2 所示，节点 *D* 和 *I* 都可作为中继节点。

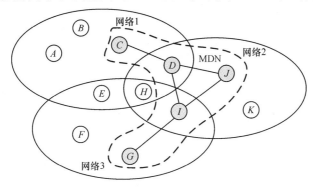

图 3-2　多维网络示意图

③ 引导节点。在多维网络中，用于引导新的节点或网络加入自己所属多维网络的节点称为引导节点。在多维网络中，它的任意一个节点均可用作引导节点。

在多维网络的路由机制中，每个节点实时维护路由表和邻居节点列表。各种传输路径的相关信息在路由表中保存，供路由选择时使用。对于每组网络接口，路由表含有目的地址的网络 ID、子网掩码和下一跳地址/接口。邻居节点列表用于维护简单的邻居节点信息，包含本节点和邻居节点之间的链路 ID、邻居节点所起的作用及其拥有的通信方式、两节点间链路的状态。节点周期性地向邻居节点广播 HELLO 包，通过接收邻居节点的响应获取邻居的状态信息。

(2) 控制消息类型

HELLO 消息周期性地向邻居节点发送，用以确保路径对称性，发现并维护邻居节点信息，同时检测不可用的路径。HELLO 消息主要包含 ID、邻居数、邻居列表。邻居列表是个动态的一维数组，它列出了最近检测到的与单向连通的邻居节点 ID。

加入网络请求消息(join request message，JREQ)和加入网络请求应答消息(join reply message，JREP)。JREQ 消息用于新加入节点向多维网络告知自己的相关信息，包含源节点所拥有的通信方式、与网络 ID 绑定的 IP 地址等。JREP 消息用于引导节点响应收到的 JREQ 消息，包含引导节点地址和邻居列表。

路由请求消息(route request message，RREQ)包括目的节点地址、序列号、广播序列号、源节点地址和序列号、上一跳地址和跳数。路由请求应答消息(route reply message，RREP)包括源节点地址、目的节点地址和序列号、跳数和生存时间。

路由错误消息(route error message，RERR)包含不可达目的节点地址、序列号。

3.2.2　多维网络节点通信方式

根据多维网络的体系结构，我们举例说明多维网络的工作原理。如图 3-3 所示，有两个互不相通的 IP 网络 $N1$ 和 $N2$，节点 C 同时工作在网络 $N1$ 和网络 $N2$，现在要解决的问题是节点 A 与节点 B 之间的通信。在现有网络情况中，节点 A 与节点 B 之间是无法通信的，但多维网络可以通过中继节点 C 进行数据转发，节点 C 工作在多维网络中的第三层。

下面以节点 A 将数据包传送到节点 B 的通信过程为例说明多维网络工作的过程，这里要说明的是节点 $R1$ 和 $R2$ 仅工作在第二层(IP 网络中的路由器)，节点 A、B、C 三者都工作在多维网络的体系结构中。节点 $R1$ 与 $R2$ 的数据包转发与 IP 网络中的过程相同，不再赘述。

节点 A 的数据包封装过程如图 3-3 所示。节点 A 将用户数据通过 Socket 把数据传递给多维网络层，多维网络层在此会进行判断，确定数据到达的目的节点，接下来再根据其通信方式选择最佳的通信方式，将数据包封装好并传递到下一层。

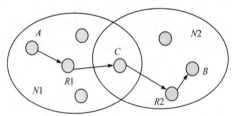

图 3-3　多维网络工作原理图

节点 A 将数据包传送至 $R1$，$R1$ 根据现有网络中的路由协议将数据包转发至节点 C。节点 C 对数据包解包，C 工作在多维网络第三层，能够判断数据包的去向，如果是到达自己的数据，那么直接向上传送，否则转发。在此，C 将数据包转发出去，C 拥有两种通信方式，需要选择一种能够到达 B 的通信方式，然后封装好数据包，再将数据包通过 $R2$ 转发给节点 B。

B 节点收到数据包并进行解包的过程如图 3-3 所示，数据包到达时对其进行判断，若节点 B 判断数据包是发送给自己的，则将数据包往上一层传送。至此，A 将数据包通过中继节点 C 成功传递到了另外一个与其原来并不相通的网络节点 B。

目前，多维网络的路由机制由于各网络的异构性、用户的移动性、资源和用户需求的多样性和不确定性，还没有一个完善的实现方式。

3.3　多维选择算法

3.3.1　混合节点发现算法

本节就多维网络的特点介绍混合节点发现算法(hybrid nodes discovery algorithm, HNDA)。

1. 多维网络结构特点分析

区别于其他类型的网络，多维网络由具有单一或多种通信方式接口的节点组成。如图 3-4 所示，多维网络的节点可分为普通节点(具备一种通信方式)和混合节点(具备两种或两种以上通信方式)。

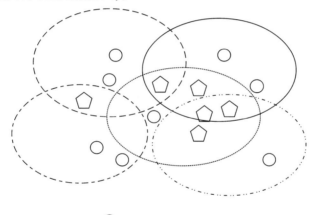

○　普通节点(只有一种通信方式)

⬠　混合节点(具有两种或两种以上通信方式)
不同的椭圆表示不同的通信方式

图 3-4　多维网络环境下的网络节点分布

不同的实现机制适用于不同的通信方式，相应要求的底层协议自然也不同，即使在物理区域上存在部分重叠成分，仍不能进行相互间的通信。若有混合节点，就可以用来实现通信中转站，如图 3-5 所示。节点 A、B 原本是具有不同通信方式的节点，要想实现二者间的通信，可利用混合节点 C(同时具备节点 A、B 两者的通信方式)作为中转。此时，C 是连接普通节点 A、B 间的一个桥梁，这是在单一的、同构的网络下不会遇到的情况。

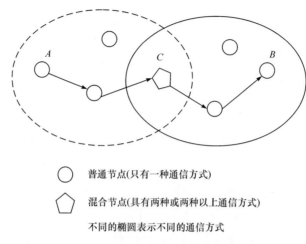

普通节点(只有一种通信方式)

混合节点(具有两种或两种以上通信方式)

不同的椭圆表示不同的通信方式

图 3-5　多维网络下节点间的通信

　　混合节点发现算法有两个部分，即主动路由和按需路由机制，因此我们可将网络分为两个部分。

　　主动路由区域是以混合节点为中心，即普通节点与混合节点之间的距离在 k 跳范围内的区域。

　　按需路由区域是以混合节点为中心，即普通节点与混合节点之间的距离在 k 跳范围外的区域。

2. 主动路由区域内混合节点发现算法描述

　　主动路由区域内所有的混合节点都会定期发送 AHELLO 信息包。AHELLO 信息包传输 k 跳，通过设定存活时间(time to live, TTL)来控制 k 值。当普通节点收到 AHELLO 信息包时，需要返回应答消息，并转发该信息。仅在 $k-1$ 跳范围内的节点才会逐渐减少 TTL 值，并转发该 AHELLO 信息包。收到 AHELLO 信息包的节点，可创建或更新到混合节点的路由信息。与此同时，当混合节点接收到相应的应答消息时，也会创建或者更新到该节点的路由信息。路由信息包括目的节点、路由跳数、目的节点通信方式等。在主动区域内，建立起某混合节点到其 k 跳范围内所有节点的路由信息，同时 k 跳范围内所有的节点就建立了到此混合节点的路由信息。

　　AHELLO 信息包转发过程有两点要注意。

　　① 任何一个节点均不向其发 AHELLO 信息包的上一跳节点转发 AHELLO 信息包。

　　② k 跳范围内的所有节点，若收到多个 AHELLO 信息包，接收 TTL 值最大 AHELLO 信息包，舍弃其余的信息包。

如图 3-6 所示，A 为混合节点，BCDEFG 节点在 A 的 k 跳范围以内，B 要收到 A 的 AHELLO 信息包，其 TTL 值为 TTL–1，B 也会收到 D 转发给它的 AHELLO 信息包，但是其 TTL 值为 TTL–2，TTL–1 > TTL–2，因此 D 转发给 B 的 AHELLO 信息包被 B 舍弃。

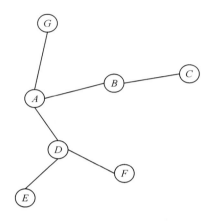

图 3-6 AHELLO 信息包转发示意图

3. 按需路由区域混合节点发现算法描述

在按需路由区域，普通节点通过基于 AODV(Ad Hoc on-demand distance vector)协议的任播路由机制查寻混合节点通。

在 AODV 协议中，路由选择基于路由表。路由表维护基于路由请求信息包、路由应答信息包，以及路由错误信息包。要想在 AODV 协议的基础上提供任播机制，就要对路由请求信息包 RREQ 进行扩展，用 AODV 的路由请求信息包 RREQ 中 reserved 区域的第一个比特位标识任播路由，将其记为 A，其后四位用来标识任播组，记为 ID。

4. 混合节点发现算法实现

如果某个源节点要实现与另一个节点的通信，而该节点的通信方式不同于源节点，则要通过混合节点进行中转通信。因此，混合节点发现算法是多维网络中路由算法的重点。此处，我们用具有任播机制的路由方式，具体过程如下。

① 当一个通信节点需要寻找一个混合节点进行通信中转时，该节点首先查看路由是否存在到达混合节点任播组 H(A) 中某个混合节点的路由，若存在就不需进行混合节点发现过程；否则，创建一个 ARREQ 信息包，用于标识任播的第一个比特位 A 置 1，其后四个比特位设置为任播组 H(A) 的 ID，跳数置 0。

② 当 B 信息包收到一个 ARREQ 信息包时，表示其正在寻找混合节点，于是查看自己是否收到过 ARREQ 信息包，若收到过，则丢弃；否则，若该节点是非目的节点且无到达目的节点的路由，建立 B 到源节点的反向路由，同时该 ARREQ 信息包开始进行广播。若 B 至少存在一条到达 $H(A)$ 的路由且 B 不在主动路由区域内，那么需要判断自己已有的路由是否比较新：比较节点 B 路由项里的目的序列号和 ARREQ 信息包中目的节点序列号的大小。若前者较小，表示节点 B 不能用已有的路由来响应 ARREQ 信息包，必须继续广播该信息包，节点 B 只有在前者不小于后者时才能对收到的 ARREQ 信息包做出响应，并以单播形式沿反向路由返回 RREP 信息包。直接对收到的 ARREQ 信息包做出响应，只在 B 本身就是混合节点任播组的成员的条件下才能进行。当节点 B 在 $H(A)$ 成员主动路由区域内时，ARREQ 信息包将设置为不再被广播，如果其没有收到过 ARREQ 信息包，就对该路由请求做出响应，以单播形式沿反向路由返回 RREP 信息包。

③ 当源节点收到 $H(A)$ 的 RREP 信息包后，添加混合节点信息路由到任播路由表中，混合节点寻找结束。

3.3.2　基于路径质量的路由算法 RAQ

为了提高网络数据传输的可靠性，保证传输稳定性，可以选取节点距离、节点剩余能量和节点剩余缓冲区三个因子作为路径质量的评判标准，并将路径质量的高低作为选路的重要参考依据。

1. 网络及节点模型

(1) 节点模型

节点模型基于如下假设条件。

① 模型中的所有节点都是随机移动节点，节点的移动模型是随机点模型 (random waypoint model, RWM)。两节点之间的通信链路是双向的，且通信不具有方向性。

② 网内所有节点的通信距离相同。

③ 网内节点都具有且自知初始能量值，可以对本节点的能量进行实时监测，并能够对节点剩余能量进行监控。

④ 节点自身配有 GPS 定位系统，可以提供节点自身的坐标。

(2) 网络拓扑模型

此处使用无向连接图 $G = (V, E)$ 模拟其网络的拓扑结构，其中 $V = \{v_0, v_1, \cdots, v_n\}$ 表示网络中所有节点的集合，v_i 表示网络中的移动节点 i；$E = \{e_0, e_1, \cdots, e_{n-1}\}$ 表示网络中所有边的集合，e_i 表示组成网络中两节点之间的路径。节点都拥有唯一的标志位 $v_i \in V$，节点移动都是随机的，且无方向性。

如果节点 v_i 和节点 v_j 都处在对方节点的通信范围内，且它们之间存在一条边，则认为存在链路 link(i, j)。

2. 路径质量影响因素

(1) 节点之间的距离

节点间的距离是指网络中节点物理位置的距离。节点间距离越小，链路越短，通过此链路传送数据消耗的能量就越少，节点移出邻居节点通信范围的概率就越小，因此链路的生命期就越长，越有助于数据传输。

(2) 节点的剩余能量

节点的能量普遍都是依靠电池提供，如果电池能量消耗完，那么节点将无法工作，不得不退出网络，网络的拓扑结构、链路的稳定性都会受到相应影响。

(3) 节点剩余缓冲区

任一节点都存在一个缓冲区，在数据传输过程中，当数据的输入速率大于数据的输出速率时，节点就会发生数据包排队现象，而排队等待处理的数据包就会占用节点的缓冲区。因此，节点剩余缓冲区可定义为节点缓冲区大小减去节点排队等待处理的数据包数量。节点剩余缓冲区越大，证明需要排队处理的数据包越少，代表网络状况较好，有利于数据的可靠传输。

根据路径质量的影响因素，本节提出一种基于路径质量的路由算法 RAQ。该算法考虑网络节点间的距离、节点的剩余能量，以及节点的剩余缓冲区，并根据路径质量进行选择，可以保证数据可靠、稳定的传输。

3. 路径的稳定度

一个路径由多条链路连接，因此每条链路的稳定性都对整条路径的稳定性有重要的影响。路径的稳定度取决于链路的稳定度，链路的主要稳定性判断方法如表 3-1 所示。

表 3-1　链路的主要稳定性判断方法

链路稳定性判断方法	性能分析
基于信标累计的统计	基于联合的路由(associativity-based routing, ABR)利用 MAC 层对信标计数进行周期性的收集，以标示链路的关联度。节点记录邻居节点的信标数，当信标数超过某个阈值就认为该节点与该邻居节点之间的链路是稳定的
基于节点距离统计	基于链路的路由协议(link based routing protocol, LBR)是基于节点距离统计的，通过使用空间自由传播模型将信号强度替换为节点间距离，根据节点距离和最大通信距离来判定链路的稳定性

续表

链路稳定性判断方法	性能分析
基于信号强度	基于信号稳定性的自适应路由(signal stability based adaptive routing, SSA)利用信号的强度对路径的稳定度进行判断。节点设定一个信号强度阈值,当超过阈值时,判断链路质量为好;否则,判断为不好
基于节点运动速度和方向统计	按需组播路由协议(on-demand multicast routing protocol, ODMRP)通过 GPS 提供地理位置信息并通过移动预测公式计算链路过期时间。它主要根据两节点当前速度、节点移动方向进行计算,并假设两节点的移动方向不发生变化

基于上述链路稳定的判断方法,本节的链路稳定度主要考虑节点之间的距离和节点剩余能量。

(1) 节点之间的距离

节点配有 GPS,因此可以准确地获取节点的位置信息。假设节点 i 的坐标信息为 (x_i, y_i),节点 j 的坐标信息为 (x_j, y_j),则节点 i 与节点 j 之间的距离 $d_{(i,j)}$ 为

$$d_{(i,j)} = \sqrt{(x_i - x_j)^2 + (y_i - y_j)^2} \tag{3-1}$$

其中,$d_{(i,j)}$ 为节点 i 和节点 j 的距离;$d_{(i,j)}$ 的值越小,表示两节点间距离越小,越有利于数据在节点间可靠传输。

(2) 节点剩余能量

移动节点都使用电池提供能量进行数据传输,因此节点的剩余能量对于路径稳定具有重要的影响。

根据无线网络接口卡的规范标准,无线网卡的正常工作电压为 5.0V,节点的接收电流和发送电流分别为 230mA 和 330mA,带宽为 2Mbit/s。因此,通过以上规范标准就可以计算出当节点需要接收或者发送数据包时所需消耗的节点接收能量和发送能量,即

$$E_r = \frac{0.23 \times 5.0 \times \text{datasize}}{2 \times 10^6} \tag{3-2}$$

$$E_s = \frac{0.33 \times 5.0 \times \text{datasize}}{2 \times 10^6} \tag{3-3}$$

对于一个节点来说,节点所需消耗的能量除了包含接收数据包时消耗的能量和发送数据包时消耗的能量,还包括节点用于侦听事件消耗的能量。

在基于单流的条件下,网络中的每个节点都需要检测它接受和发送数据包时消耗的能量值。一般情况下,可以假设运行一个发送和接收设备的能量消耗为 E_0,发送一个单位长度数据包所消耗的能量值为 E_{es},单位为 J/bit。

当节点接收到一个长度为 P 的数据包时，需要消耗的接收能量为

$$E_r(P) = E_0 \times P \tag{3-4}$$

当节点发送一个长度为 P 的数据包时，所需要消耗的发送能量总和为

$$E_s(P) = E_0 \times P + E_{es} \times P \tag{3-5}$$

因此，中间节点转发一个长度为 P 的数据包时，需要消耗的转发能量总和为

$$E_t(P) = E_r(P) + E_s(P) + E_d \tag{3-6}$$

其中，E_d 是节点侦听事件消耗的能量值。

中间节点转发一个长度为 P 的数据包后，剩余的能量为

$$E_{\text{left}} = E_m - E_t(P) \tag{3-7}$$

其中，E_m 为节点的初始能量。

在多数据流条件下，节点剩余能量取决于上游节点的个数(un)和下游节点的个数(dn)，因此在接收不同长度 p_i 的数据包时，中间节点需要消耗的接收能量为

$$E_r^m = \sum_{i=1}^{\text{un}} E_r(P_i) \tag{3-8}$$

中间节点发送不同长度 P_i 的数据包时所需消耗的发送能量为

$$E_s^m = \sum_{i=1}^{\text{dn}} E_s(P_i) \tag{3-9}$$

因此，在多数据流条件下，中间节点转发数据包消耗的能量总值为

$$E_t^m = E_r^m + E_s^m + E_d^m \tag{3-10}$$

其中，E_d^m 为多数据流条件下节点侦听事件所消耗的能量总和，则节点剩余能量可以表示为

$$E_{\text{left}}^m = E_m + E_t^m \tag{3-11}$$

(3) 链路的稳定度

参与链路稳定度计算的参数为节点间距离和节点剩余能量。节点间距离代表节点间链路的长度，而节点剩余能量反映节点进行数据传输的能量状况。由于节点间距离与节点剩余能量在链路稳定度中有不同的重要性，因此使用加权求和的办法，对不同的参数乘一个不同权重，得出一个用节点间距离和节点剩余能量计算出来的值，从而计算出链路稳定度。

链路稳定度表示两节点之间通信链路的稳定性，用 $S_{\text{link}(i,j)}$ 表示节点 i 与节点 j 之间的链路稳定度，R_m 表示网络节点的最大通信范围，$d_{(i,j)}$ 表示节点 i

与节点 j 之间的距离, E_j 表示节点 j 的当前剩余能量, 则 i 和 j 之间的链路稳定度可定义为

$$S_{\text{link}(i,j)} = w_1 \times \frac{R_m - d_{(i,j)}}{R_m} + (1 - w_1) \times \frac{E_j}{E_m} \tag{3-12}$$

其中, w_1 取值范围[0,1]; 使用 R_m 和 E_m 对 $d_{(i,j)}$ 和 E_i 分别进行标准化, 标准化后的取值范围[0,1]。

由此可知, 节点之间的距离 $d_{(i,j)}$ 越小, 节点剩余能量 E_j 越大, 两节点之间链路的稳定度越高。

根据链路稳定度, 可以计算出路径稳定度。路径的稳定度由链路稳定度的最小值决定, 可以用 S_{path} 表示, 即

$$S_{\text{path}} = \min_{0 \leqslant i \leqslant j < n} S_{\text{link}(i,j)} \tag{3-13}$$

4. RAQ 路由算法实现

路径质量 Path_quality_m 为第 m 条路径的路径质量值, S_{path_m} 为第 m 条路径的稳定度, $\text{buffer}_{\text{left}}^m$ 为第 m 条路径的剩余缓冲区大小, 则路径 m 的路径质量为

$$\text{Path\_quality}_m = k \times \text{buffer}_{\text{left}}^m + (1 - k) \times S_{\text{path}_m} \tag{3-14}$$

可以根据网络节点缓冲区的数据排队情况对节点的拥塞情况进行自判断, 并根据分析结果判断本节点是否加入路径, 最后计算整条路径的质量。

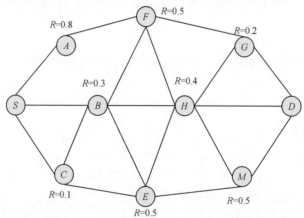

图 3-7　源节点 S 到目的节点 D 的网络拓扑结构

网络拓扑如图 3-7 所示。S 需要向目的节点 D 传送数据, 实线表示两个节点之间真实存在通信链路, 每个节点的 R 值表示当前节点剩余缓冲区占总缓冲区的比例。

RAQ 算法在节点选择时，根据节点的 R 值进行取舍，R 值未超过 0.2 的节点直接被舍弃。节点选择后的网络拓扑图如图 3-8 所示。节点 C 和 G 被直接舍弃，而与其相连的链路也被丢弃，如虚线所示。

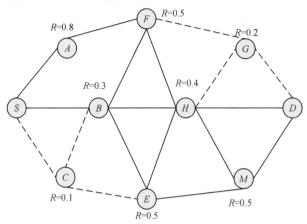

图 3-8　节点选择后的网络拓扑图

假设每个中间节点的总缓冲区为 20，路径中的链路稳定度根据节点间距离和节点剩余能量可以计算出来，且已经成功建立了两条不相交的路径 S-A-F-H-D 和 S-B-E-M-D，如图 3-9 所示。

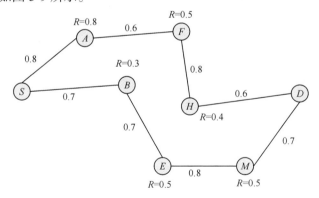

图 3-9　带链路稳定度的网络拓扑结构

根据图 3-9，假设 $k = 0.7$，可以得出路径 S-A-F-H-D 的路径稳定度、路径剩余缓冲区和路径质量，即

$$S_{\text{path}_1} = \min(0.8, 0.6, 0.8, 0.6) = 0.6$$

$$\text{buffer}_{\text{left}}^1 = \frac{20 \times 0.8 + 20 \times 0.5 + 20 \times 0.4}{20 + 20 + 20} = \frac{17}{20}$$

$$\text{Path\_quality}_1 = k \times \text{buffer}_{\text{left}}^1 + (1-k) \times S_{\text{path}_1} = 0.577$$

同理，可计算出路径 *S-B-E-M-D* 的路径稳定度、路径剩余缓冲区和路径质量，即

$$S_{\text{path}_2} = \min(0.7, 0.7, 0.8, 0.7) = 0.7$$

$$\text{buffer}_{\text{left}}^2 = \frac{20 \times 0.3 + 20 \times 0.5 + 20 \times 0.5}{20 + 20 + 20} = \frac{13}{30}$$

$$\text{Path\_quality}_2 = k \times \text{buffer}_{\text{left}}^2 + (1-k) \times S_{\text{path}2} = 0.513$$

可见，$\text{Path\_quality}_1 > \text{Path\_quality}_2$，即路径 *S-A-F-H-D* 的路径质量优于路径 *S-B-E-M-D*，数据传输会被选择在路径 *S-A-F-H-D* 中进行传输。

当取 $k = 0.3$ 时，我们可以根据路径质量的计算公式得出两条路径的路径质量，即

$$\text{Path\_quality}_1 = k \times \text{buffer}_{\text{left}}^1 + (1-k) \times S_{\text{path}_1} = 0.59$$

$$\text{Path\_quality}_2 = k \times \text{buffer}_{\text{left}}^2 + (1-k) \times S_{\text{path}2} = 0.62$$

显然，此时路径 *S-B-E-M-D* 的路径质量优于路径 *S-A-F-H-D*，应优先选择路径 *S-B-E-M-D* 进行数据传输。

由此可见，对不同的参数赋予不同的权重，得出的路径质量也是不一样的，因此会得出不同的选路结果。

RAQ 算法依据不同的网络场景和不同参数的权重进行不同路径的评价与选择，在满足基本 QoS 的前提下，可以有效避开拥塞节点和能量瓶颈节点，并选择较优路径进行数据传输。节点执行选路算法的流程如图 3-10 所示。

在节点接收到路由请求包 RREQ 时，首先对本节点进行节点拥塞判断，如果不满足 $R > R_{\text{th}}$，则节点直接丢弃 RREQ 包；若 $R > R_{\text{th}}$，则查询是否存在从本节点到目的节点的可用路径。若存在，则直接创建 RREP，并沿反向路径进行转发；否则，更新 RREQ 包中的 S_{path} 和 $\text{buffer}_{\text{left}}$ 两个参数。若为中间节点，则转发 RREQ 包；若为目的节点，则提取 RREQ 包中的 S_{path} 和 $\text{buffer}_{\text{left}}$ 值，进行路径质量计算，并对路径质量最高的路径创建 RREP，将 RREP 转发给上一跳节点，以此实现整个网络节点对 RREQ 和 RREP 的处理过程，直至源节点接收到 RREP 包，开始数据发送过程。

算法只需根据 RREQ 包中的两个参数值进行路径质量计算，并根据计算结果进行相应的路径选择，算法复杂度较低。

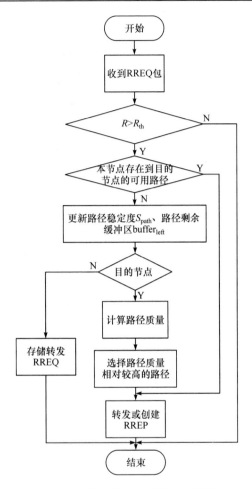

图 3-10 节点执行选路算法流程图

3.4 多维路由协议

3.4.1 网络互联协议概述

网络必须互联才能发挥效益,提供更多的信息和服务。网络实现互联,也是网络不断扩展的主要原因,因此互联问题在网络中是至关重要的。网络依赖于多种不同的网络协议,但是要实现这些协议的互联,必须采用一定的设备来处理这些协议的相互转换,才能完成网络的互联。网桥互连和路由器互连是网络互联中使用最多的。

网桥工作在数据链路层,主要功能是数据帧转发,为网络间提供透明通信。

网桥的数据转发基于数据帧中的源地址、目的地址，利用这些信息来判断一个帧是否应转发，以及需要转发到哪个端口。然而，正是因为数据帧在网桥上进行转发，所以数据帧只能在相同或相似的网络间进行传送，如以太网之间、以太网与令牌环之间的互联。不同类型的网络(数据帧结构不同)就不能再使用网桥进行互联了。由于安全性问题，网桥的使用已经大大减少，路由器的使用则更为普遍。

路由器运行在网络层。路由器利用网络层定义的 IP 地址作为逻辑地址，以区别不同的网络，实现各个网络间的互联或隔离。发送到其他网络的数据不是直接被转发出去，而是首先被送到路由器再由路由器转发出去。网络层互联的路由器可以方便地连接不同类型的网络，如果不同类型的网络层运行的是相同的 IP 协议，那么就可以通过路由器互连。当然路由器本身必须遵从相应的协议，才能使网络互联有效。

路由选择方式有两种，即静态路由和动态路由。两者各有各自的特点和适用范围，在实际运用中往往是混合使用，通常以静态为主、动态为辅。动态路由具有相对复杂的特点，路由协议主要针对动态路由。

3.4.2　多维网络环境下的自组织网络路由协议 HC-AODV

首先分析目前路由协议中通常只采用单一跳数作为判据因子的不足，给出结合跳数和负载的综合度量方法(comprehensive-metric method combining hop count with traffic load，CM-HCTL)，并将 HNDA 与 CM-HCTL 结合融入 AODV 协议，实现完整多维网络环境下自组织网络的路由解决方案 HC-AODV(H 代表 HNDA，C 代表 CM-HCTL)。

1. 路由度量 metric 分析及 CM-HCTL 计算

(1) 路由度量 metric 分析

在路由协议设计中，metric 值非常重要，很多移动自组织网络路由协议都是基于单一的度量因子，如时延、跳数、能量、带宽、负载等。以最小代价进行路由选择，始终是最终的目的所在，但只用某一种度量因子可能导致某个节点过度开销而引起网络拥塞和资源消耗的不公平性。如图 3-11 所示，当跳数 k 作为唯一的度量因子时，所有的节点都选择 k 值最小的路由，节点 H 就会成为网络的瓶颈节点，其结果是在 H 处的网络拥塞将不可避免，进而导致网络时延及丢包率的增大。进一步，若其能量耗完，将会带来更严重的后果，即导致路由中断。如图 3-12 所示，$S2 \rightarrow D$ 有两条路由，$S2 \rightarrow E \rightarrow D$、$S2 \rightarrow C \rightarrow D$，$k$ 相同，假设节点 E 是 $S2$ 和 D 之间处于活跃状态的中间节点，而节点 C 在空闲状态，相比之下，路由

$S2{\rightarrow}C{\rightarrow}D$ 比路由 $S2{\rightarrow}E{\rightarrow}D$ 好，当跳数 k 作为唯一的度量因子不能有效使用时，要怎么选择比 $S2{\rightarrow}C{\rightarrow}D$ 更优的路由呢？因此，单一度量因子的方法不能很好地保证网络的整体性能。

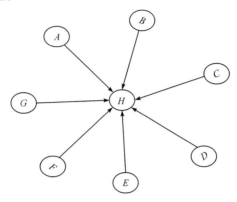

图 3-11　单独以跳数作为路由度量的不足 1

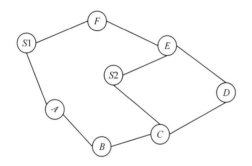

图 3-12　单独以跳数作为路由度量的不足 2

(2) CM-HCTL 计算

为了得到更好的网络整体性能，我们考虑用多个 metric 值进行路由选择，以此确定更优的路由。选择最优路由成为实现完整多维网络环境下自组织网络路由解决方案的关键，此处采用多种度量因子结合的方法，即结合路由跳数和负载，来综合度量以实现多维网络环境下自组织网络的路由协议。

为方便分析，将参数的值统一变化到 [0,1]。下面简要介绍几种主要的归一化方法。

① 线性变换归一化。当参数是效益值时，归一化公式为

$$r_{ij} = \frac{x_{ij}}{\max\{x_{ij} \mid i = 1, 2, \cdots, m\}} \tag{3-15}$$

当参数是成本时，归一化公式为

$$r_{ij} = 1 - \frac{x_{ij}}{\max\{x_{ij} \mid i = 1, 2, \cdots, m\}} \tag{3-16}$$

② 向量规范化方法采用的公式为

$$r_{ij} = \frac{x_{ij}}{\sqrt{\sum_{i=1}^{m} x_{ij}^2}} \tag{3-17}$$

③ 其他归一化方法。

当参数是效益值时，归一化公式为

$$r_{ij} = \frac{x_{ij} - (x_{ij})_{\min}}{(x_{ij})_{\max} - (x_{ij})_{\min}} \tag{3-18}$$

$$r_{ij} = \frac{x_{ij}}{(x_{ij})_{\max} + (x_{ij})_{\min}} \tag{3-19}$$

当参数是成本时，归一化公式为

$$r_{ij} = \frac{(x_{ij})_{\max} - x_{ij}}{(x_{ij})_{\max} - (x_{ij})_{\min}} \tag{3-20}$$

$$r_{ij} = \frac{(x_{ij})_{\max} + (x_{ij})_{\min} - x_{ij}}{(x_{ij})_{\max} + (x_{ij})_{\min}} \tag{3-21}$$

这里采用第一种归一化方法。

节点负载参数的归一化公式为

$$C_{\text{load}}^i = \frac{L_{\text{packet}}^i}{L_{\text{buffer}}^i} \tag{3-22}$$

其中，C_{load}^i 是节点 i 负载的代价值，节点 i 处于待发数据包长度、节点 i 缓冲区大小有关；待发数据包长度越大 C_{load}^i 越大，路由经过该节点网络时延相应也会加大，同时继续增加节点 i 的 C_{load}^i 值。

已知 i 的 C_{load}^i 后，每条可用路由的代价值可由下式计算，即

$$\text{Cost} = \sum_{i=1}^{n} (w_1 N_{\text{hop}} + w_2 C_{\text{load}}^i) \tag{3-23}$$

其中，N_{hop} 为路由跳数；w_1 为路由跳数；w_2 为节点负载参数的权重因子。

2. HC-AODV 协议的路由信息格式

HC-AODV 协议是在 AODV 协议的基础上进行的扩展，其路由信息格式也有相应的变化，如 RREQ、RREP 等的修改，同时增加了 AHELLO、ARREQ 等路

由控制信息。

(1) RREQ 信息格式(图 3-13)

<table>
<tr><td>0</td><td>8</td><td>16</td><td>24　32</td></tr>
<tr><td>类型</td><td>|J|R|G|D|U||X||Y|</td><td>保留</td><td>跳数</td></tr>
<tr><td colspan="4">RREQ ID</td></tr>
<tr><td colspan="4">目的IP地址</td></tr>
<tr><td colspan="4">目的序列号</td></tr>
<tr><td colspan="4">源IP地址</td></tr>
<tr><td colspan="4">源序列号</td></tr>
<tr><td colspan="4">负载代价值</td></tr>
<tr><td colspan="4">路径代价值</td></tr>
<tr><td colspan="4">权重因子</td></tr>
</table>

图 3-13　RREQ 信息格式

X 和 Y 标识是 RREQ 信息新增的内容。X 标识本节点的通信方式，Y 标识目的节点的通信方式。负载代价值字段用于记录当前节点根据式(3-22)计算的负载参数值，路径代价值字段用于记录根据式(3-23)计算的源节点到当前节点路由的累计代价值，权重因子字段根据需要记录 w_1 和 w_2 的值。

(2) RREP 信息格式(图 3-14)

<table>
<tr><td>0</td><td>8</td><td>16</td><td>24　32</td></tr>
<tr><td>类型</td><td>|R|A|</td><td>保留</td><td>跳数</td></tr>
<tr><td colspan="4">目的IP地址</td></tr>
<tr><td colspan="4">目的序列号</td></tr>
<tr><td colspan="4">源IP地址</td></tr>
<tr><td colspan="4">生命期</td></tr>
<tr><td colspan="4">路径代价值</td></tr>
</table>

图 3-14　RREP 信息格式

路径代价值是在 RREP 信息新增加的，记录目的节点到源节点路由的累计代价值。

(3) AHELLO 信息格式(图 3-15)

<table>
<tr><td>0</td><td>8</td><td>16　24　32</td></tr>
<tr><td>类型</td><td>任播组ID</td><td>保留</td></tr>
<tr><td colspan="3">源IP地址</td></tr>
<tr><td colspan="3">源序列号</td></tr>
<tr><td colspan="3">跳数</td></tr>
<tr><td colspan="3">生命期</td></tr>
</table>

图 3-15　AHELLO 信息格式

AHELLO 信息包的产生只能来自混合节点，而且 AHELLO 信息包是在混合节点主动路由区域内进行广播的，任播组 ID 字段用于标识混合节点的任播组 ID。源 IP 地址是混合节点的单播 IP 地址，源序列号是混合节点序列号。

(4) ARREQ 信息格式(图 3-16)

0	8	16	24	32
类型	|J|R|G|D|U||A|	任播组ID		跳数
RREQ ID				
目的IP地址				
目的序列号				
源IP地址				
源序列号				

图 3-16　ARREQ 信息格式

ARREQ 信息包是混合节点发现的信息，A 标识任播路由，任播组 ID 字段用于标识混合节点的任播组 ID。

3. HC-AODV 的算法设计

(1) 算法的基本思想

网络节点检测自己的通信方式，若只有一种通信方式，则为普通节点；否则，为混合节点。节点标识通过节点 ID、节点通信方式唯一确定。

当网络中的源节点需要发送数据，且有到目的节点的有效路由时，就选择该路由发送数据包；否则，发起路由发现过程。

① 源节点产生 RREQ 信息包的路由发现过程。

第一，相同通信方式节点间的路由发现。源节点、目的节点的通信方式相同，这和同构网络中源节点向邻居节点广播 RREQ 信息包相同。

第二，不同通信方式节点间的路由发现。

其一，源节点是混合节点。向其主动路由区域内具有目的节点通信方式的节点发送 RREQ 信息包。

其二，源节点不是混合节点。源节点首先对自己是否在某个混合节点的主动路由区域进行判定，若存在就将 RREQ 信息包转发给混合节点，进而混合节点会在其主动路由区域范围内进行寻找，找到具有与目的节点相同通信方式的节点，并向其发送 RREQ 信息包；否则，执行混合节点发现算法。若算法执行的结果是找到了符合要求的混合节点，就向其转发 RREQ 信息包，混合节点收到 RREQ 信息包后在其主动路由区域范围内进行寻找，找到具有与目的节点相同通信方式的节点，并向其发送 RREQ 信息包，若未找到，则说明目的节点不可达。

② 节点处理 RREQ 信息包过程。

当中间节点收到 RREQ 信息包后，节点首先进行判断，查看自己先前是否接收过同样的 RREQ 信息包，若有，则丢弃当前到达的 RREQ 信息包；若该节点是非目的节点且无到达目的节点的路由，则由式(3-23)对该 RREQ 信息包的路径代价值域进行更新，同时 k 值加 1。在中间节点的路由表中，会创建一个到前一跳的路由信息，并广播该 RREQ 信息包。

如果该中间节点有到目的节点的路由，就比较节点路由项里的目的序列号 dest_id 和 RREQ 信息包中目的序列号 Rdest_id 的大小来判断已有路由是否比较新，若 Rdest_id>dest_id，中间节点根据式(3-23)更新该 RREQ 信息包的路径代价值域，同时路由跳数值 k 加 1 并广播该 RREQ 信息包；若 Rdest_id<dest_id，回复 RREP 信息包；若 Rdest_id=dest_id，则将 RREQ 信息包中的路径代价值、路由表中已有路由的路径代价值进行比较，若前者较大，更新 RREQ 信息包的路径代价值，广播该 RREQ 信息包；反之，回复 RREP 信息包。

若该节点是目的节点，收到第一个 RREQ 信息包后，为了让其能够收到后续到达的更多的 RREQ 信息包，并不立即回复一个 RREP 信息包，而是等待一段时间，然后再对各路径的代价值进行比较，选择代价值最小的路径回复一个 RREP 信息包。HC-AODV 的路由维护过程与 AODV 相同。

(2) 算法过程示意图

图 3-17～图 3-20 为该算法过程的示意图。如图 3-17 所示，源节点 S 具有通信方式 1，目的节点 D 具有通信方式 2，两者间进行通信，但 S 的路由表中没有

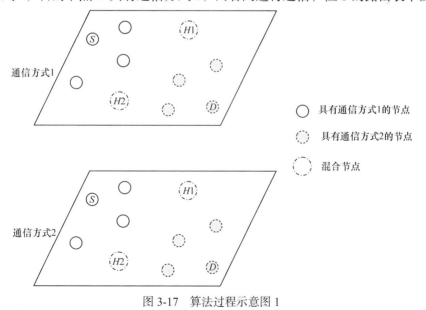

图 3-17　算法过程示意图 1

到达 D 的可行路由，此时如图 3-18 所示。S 发起混合节点发现过程，当 S 找到混合节点 $H1$ 和 $H2$ 后，如图 3-19 所示。S 会给混合节点 $H1$ 和 $H2$ 都发送 RREQ 信息包，$H1$ 和 $H2$ 收到 RREQ 信息包后，若该包的目的节点不在自己的主动路由区域内，就把 RREQ 信息包转发给自己主动路由区域内具有目的节点相同通信方式

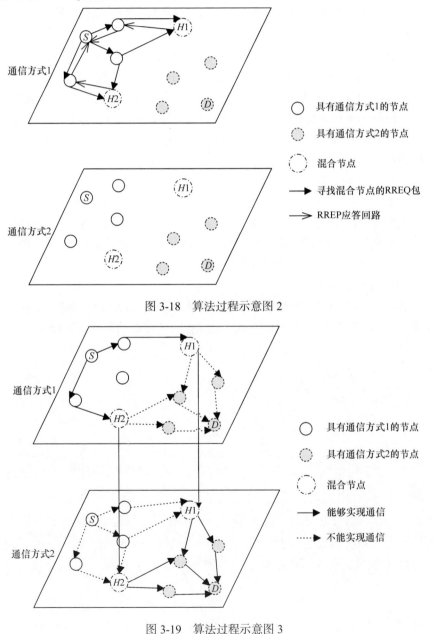

图 3-18　算法过程示意图 2

图 3-19　算法过程示意图 3

的节点，如图 3-20 所示。它在收到第一个 RREQ 信息包后，为了使其能够收到后续到达的 RREQ 信息包，并不立即回复一个 RREP 信息包，而是等待一段时间，然后对各路径的代价值进行比较,选择代价值最小的路径回复一个 RREP 信息包。

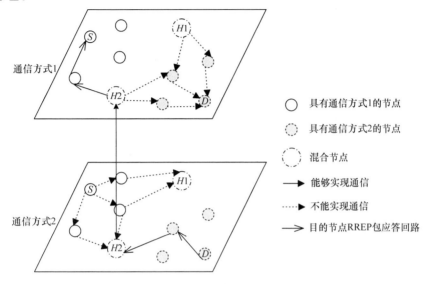

图 3-20　算法过程示意图 4

(3) 算法流程图

图 3-21 为该算法中源节点 S 的处理流程图。图 3-22 为 RREQ 信息包的处理流程图。

3.4.3　AODV_RAQ 路由协议

1. AODV_RAQ 协议控制包格式

路由协议的控制包主要包括路由请求包和路由应答包。在基于路径质量的路由算法中，每一个中间节点在收到 RREQ 包时需要对本节点的拥塞程度进行自判断，如果满足条件，则对 RREQ 包进行存储转发；否则，直接丢弃。与 AODV 不同，为了计算路径的质量，在 AODV_RAQ 的 RREQ 包中增加路径稳定度 S_{path} 和路径剩余缓冲区 $buffer_{left}$ 两个参数；AODV 路由协议 RREQ 和 AODV_RAQ 协议 RREQ 包格式如表 3-2 和表 3-3 所示。

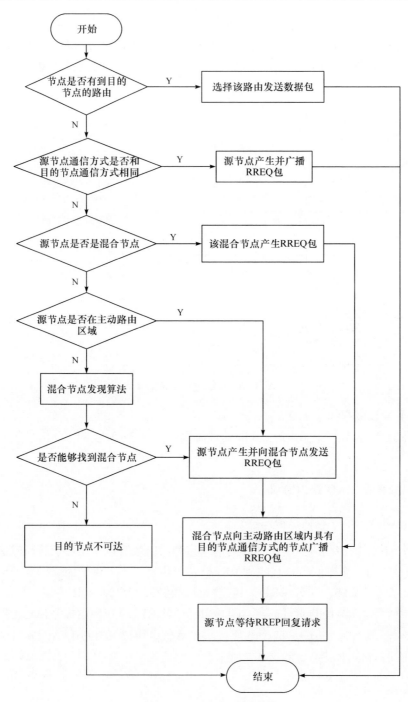

图 3-21 源节点处理流程图

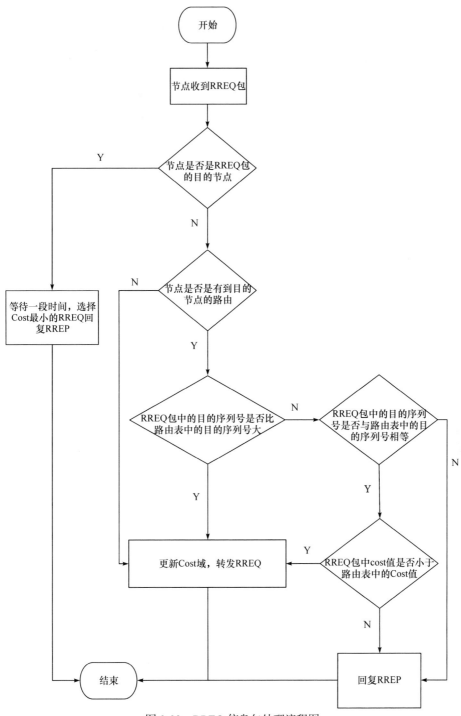

图 3-22 RREQ 信息包处理流程图

表 3-2   AODV 路由协议的 RREQ 包格式

Type	J	R	G	D	U	Reserve	Hop Count
路由请求标识(RREQ ID)							
目标 IP 地址(destination IP address)							
目标序号(destination sequence number)							
源 IP 地址(source IP address)							
源目标序号(source sequence number)							

在 AODV 的 RREQ 包中，主要包含发起路由请求的 RREQ ID、源节点 IP、目的节点 IP、源节点序列号和目的节点序列号。

AODV_RAQ 路由请求包在 AODV 路由请求包的基础上增加了路径稳定度 S_{path} 和路径剩余缓冲区 $buffer_{left}$ 两个参数，用来计算路径质量(表 3-3)。

表 3-3   AODV_RAQ 路由协议的 RREQ 包格式

Type	J	R	G	D	U	Reserve	Hop Count
路由请求标识(RREQ ID)							
目标 IP 地址(destination IP address)							
目标序号(destination sequence number)							
源 IP 地址(source IP address)							
源目标序号(source sequence number)							
S_{path}							
$buffer_{left}$							

AODV_RAQ 路由请求包在 AODV 路由请求包的基础上增加了路径稳定度 S_{path} 和路径剩余缓冲区 $buffer_{left}$ 两个参数，用来计算路径质量。

在 AODV 中，RREP 包的主要内容包括目的节点 IP、目的节点序列号、源节点 IP 和源节点序列号这四个参数。AODV 的 RREP 包格式如表 3-4 所示。

表 3-4   AODV 路由协议的路由应答包格式

Type	A	B	Reserve	Prefix Size	Hop Count
目标 IP 地址(destination IP address)					
目标序列(destination sequence number)					
源 IP 地址(source IP address)					
源目标序列(source sequence number)					

由于修改后的 AODV_RAQ 路由协议只是为了选择路径中质量相对较高的路由进行数据传输，无须返回任何其他信息，因此 AODV_RAQ 路由应答包具有与 AODV 路由应答包相同的格式。

2. AODV_RAQ 协议节点拥塞判断准则

为了保障寻找的路径能够自动回避拥塞节点，路径中的每一个节点都将执行拥塞判断准则。当网络中间节点接收到 AODV_RAQ 的 RREQ 包时，节点需要根据式(3-24)进行节点拥塞自判断，只有当 R 值大于 R_{th} 时，当前节点才能通过拥塞判断准则，对于通过判断准则的节点才能对 RREQ 包进行存储转发；对于 R 值未超过 R_{th} 的节点，则直接丢弃 RREQ 包，本节点不参加此次路由，R_{th} 取值为 0.2。因此，为了方便计算节点的 R 值，中间节点需要维护一个本节点拥塞状况记录表 (congestion condition record table，CRT)。此表具有当前节点的两种缓冲区的信息，即总缓冲区、剩余缓冲区。记录两种缓冲区信息是为了记录本节点当前的缓冲区占用情况，以便对 RREQ 包能够进行快速的应答。

3. AODV_RAQ 协议路由发现过程

当源节点 S 和目的节点 D 间有数据需要发送时，S 立即查询自己的路由表，查看是否已存在到达 D 的有效路由，若有，就按照当前路径传送数据；否则，S 会产生一个路由请求包 RREQ。RREQ 包主要包含源节点 IP、源节点序列号、发起路由请求的 RREQ ID、目的节点 IP、目的节点序列号、新添加的路径稳定度 S_{path}，以及路径剩余缓冲区 $buffer_{left}$。初始化 $S_{path}=1$，$buffer_{left}=0$，然后将 RREQ 包转发至其邻居节点。

当中间节点 j 第一次接收到 RREQ 包时，利用节点拥塞判断准则对本节点的拥塞情况进行自判断。若节点无法通过准则，就直接丢弃 RREQ 包；否则，在节点的路由表中查找是否存在直接路由到达目的节点。若无，则在转发列表中记录 RREQ 中的信息，并记录上一跳节点 i，同时根据式(3-12)和式(3-13)分别计算节点 i 与节点 j 之间的链路质量 $S_{link(i,j)}$，以及到节点 j 的路径剩余缓冲区 $buffer_{left}$，并根据式(3-13)和式(3-14)更新 RREQ 包中的 S_{path} 和 $buffer_{left}$ 域，然后将更新后的 RREQ 包转发出去，并创建反向路径；如果节点 j 恰好直接存在到达目的节点的可用路径，则节点 j 直接回复 RREP 包，并沿之前创建的反向路径发回至源节点。中间节点的 RREQ 包处理过程如图 3-23 所示。

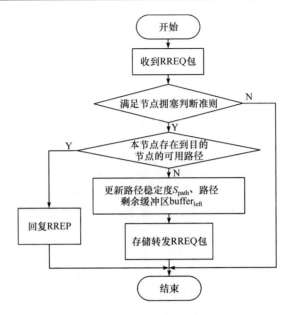

图 3-23　AODV_RAQ 协议中间节点处理 RREQ 包流程

当中间节点收到重复的 RREQ 包时，不直接将其丢弃，而是作为一个新的路由请求包执行节点拥塞判断准则。通过拥塞判断准则后，如果这个重复的 RREQ 包与之前的 RREQ 包具有不一样的上游节点，则将其存储在路由转发列表，并创建反向路径。这样做有利于中间节点在转发 RREP 时选择一条质量较高的路径进行应答。路由表中的反向路径满足如下条件时将被清除，即在路由表反向路由记录中设置的超时时间之内节点还未收到路由应答包 RREP。

为了避免路由环路，中间节点 i 在转发 RREQ 包给邻居节点时，首先判断邻居节点 j 是否已存在于路由转发列表中，如果存在，则证明节点 i 已经从节点 j 接受过此 RREQ；否则，不再向邻居节点 j 转发 RREQ 包。

目的节点接收到路由应答包之后，计算目的节点与上一跳之间的链路稳定度，进而计算整条路径的路径稳定度，并结合路径剩余缓冲区计算整条路径的质量。在目的节点收到第一个满足要求的 RREQ 包后，由于路由应答延迟机制的存在，RRL 的设置值应该足够大，以便目的节点接收后续传送过来的更多的 RREQ 包，从而有更多的路径可供选择。进行路由应答时，目的节点查看接收到的路径数目，如果只得到一条路径，则直接构造 RREP 包进行路由应答；否则，根据路径质量的计算公式，对得到的多条路径进行路径质量的计算，并选择路径质量最高的路径进行路由应答。

当中间节点 j 收到路由应答包时，从路由转发表中查看已经存储的相应的 RREQ 包的个数 N，如果 $N=1$，则说明转发 RREQ 包给节点 j 的上一跳节点 i 只有一个，那么节点 j 就直接转发 RREP 包给节点 i；如果 $N>1$，则说明转发 RREQ 包给节点 j 的上游节点不止一个，也就是说从源节点 S 到节点 j 存在多条可用路径。此时，节点 j 需要根据接收到的多个 RREQ 包中的信息分别计算各条路径的路径质量，从中选择质量最优的路径进行 RREP 包的转发。中间节点处理 RREP 包流程如图 3-24 所示。

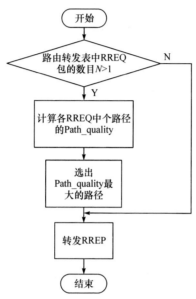

图 3-24　中间节点处理 RREP 包流程

参 考 文 献

多维网络的路由方法, 2012. 中国: ZL201010210411. 5, 10. 10

陶洋, 黄宏程, 2011. 信息网络组织与体系结构. 北京: 清华大学出版社.

陶洋, 2014. 网络系统特性研究和分析. 北京: 国防工业出版社.

谢希仁, 2009. 计算机网络(5 版). 北京: 电子工业出版社.

第 4 章　多维接入系统与技术

4.1　多维接入概念

未来通信系统最主要的特征之一就是多种多样的接入网络同时存在，相互补充，集成到统一的多维网络环境中，为用户提供无所不在，最优业务的用户体验。不同的网络在传输速率、支持业务类型、覆盖范围等方面存在很大的差异，如何选择最合适的网络接入以满足用户的 QoS 需求，已成为业界关注的焦点。多维网络能够提供不同接入网之间的互操作，用户可以同时使用多个运营商提供的服务。多维网络技术的提出对整个网络和用户是双赢的，但在技术方面为多维网络的发展带来挑战，如无线资源的管理。

无线资源的管理主要是实现不同网络之间资源的协调，是多维网络融合的核心技术之一。它既要符合用户的需求，又要满足用户的 QoS，同时扩大无线通信系统的容量和覆盖面，提高无线资源的利用率与系统整体的负载均衡，基于此实现网络中无线资源的最优化分配。无线资源管理中非常关键的一个问题是接入网络的选择问题，也就是在有多种无线接入技术同时存在的多维网络环境中，多模终端如何选择最适合、最高效的无线接入网络，让用户能始终接入最好的网络，同时增大全网的无线资源利用率。

在多维网络环境下，不同的网络具有不同的网络性能和优势，相异的接入技术间有机结合、优势互补，能使多模终端在不同类型网络重复的覆盖区域实行接入选择，使用户能始终保持其接入在最优的网络中，同时还能提高全网无线资源的利用率。目前已有专家在网络选择课题上进行了较深入的研究，但到目前还没有一个高效、适用的网络选择策略。使用合理的网络选择算法为终端选择网络，可以确保用户在获得优质服务的同时提高全网的无线资源利用率，因此接入网选择算法的研究非常关键。

虽然越来越多的接入技术应运而生，但是目前还没有一种网络接入技术能够完全满足用户高带宽、低时延、大覆盖范围等要求，不同的网络在性能、覆盖范围、数据速率和移动性支持等方面各具特色，其应用场合也各有侧重，相互之间很难替代，而且仅靠单一网络根本无法满足未来移动通信中业务个性化和多样性的需求。人们逐渐意识到未来移动通信的趋势是将已存在的网络和将要出现的网络相互融合和联通，充分发挥网络各自的优势，有效整合资源，为用户提供高质量、个性化、无处不在的服务。因此，下一代移动通信技术的发展目标并不是要建立一个全新、统一的，并且功能完善的强大网络，而是将现存的多维无线网络进行融合，相互补充，协同工作，利用其不同的技术优势，为用户提供多样化的业务体验。

4.2　多维网络接入算法

4.2.1　算法概述

多维网络最明显的特征是多网并存，各种不同类型的无线网络共存于一个网络环境，融合为一个整体，为终端提供各种服务。多模终端如何在多维网络的状况下，选择一个性能最好的网络实行接入，已成为业界关注的研究课题。目前无线通信领域的学者在网络选择算法课题上，已经开展了大量的研究和实验，网络选择接入算法的主要目的是让终端选择一个接入网络，在确保 QoS 的前提下，提高整个多维无线网络中资源的利用率。在多种类型网络并存的状况下，必须要有一种合理的网络选择算法，能将网络及终端的各种参数实行综合度量，并选择一个最优的无线网络接入。这里介绍一种基于马尔可夫的接入网络选择算法和基于神经网络的接入网络算法，使多模接入终端在多维网络环境下选择最优的网络实行接入。

4.2.2　基于马尔可夫模型的接入选择算法

目前，马尔可夫模型在多维网络中也有应用。利用马尔可夫模型来选择最优的策略，然后利用最优的策略做出切换决策，算法能有效地降低切换次数，保证用户的各个 QoS 指标。基于马尔可夫模型的多维网络接入选择算法，针对用户接入网络后网络状态的改变对服务质量水平的影响，通过建立马尔可夫模型预测网络状态的改变，并采用熵权法计算各候选网络在接入选择时刻，以及之后时刻的收益值，选择收益值最大的网络作为接入网络。具体算法如下。

1. 马尔可夫模型

假设多维无线网络中有 M 个可选网络、N 个状态指标，Z_n^m 为网络 m 的状态指标 n 的值，定义 S 为网络状态空间，即

$$S = \{Z_1^1 \times Z_2^1 \times \cdots \times Z_N^1, Z_1^2 \times \cdots \times Z_N^2, \cdots, Z_1^M \times Z_2^M \times \cdots \times Z_N^M\} \tag{4-1}$$

为了便于计算，可以将每个状态指标在其取值范围内离散化，即

$$Z_n^m = \{1, 2, \cdots, \max Z_n^m\} \tag{4-2}$$

其中，$m = 1, 2, \cdots, M$; $n = 1, 2, \cdots, N$ 为用户的服务时间。

设 X_n 为网络在 n 时刻的状态，则 $\{X_n, n \in T\}$ 是时间离散、状态离散的随机过程，且对于任意的整数 $n \in T$ 和任意的 $X_n \in S$ 满足下式，即

$$P[X_0 | X_0, X_1, \cdots, X_n] = P[X_{n+1} | X_n] \tag{4-3}$$

即下一时刻的网络状态只取决于当前时刻的网络状态，而与之前时刻的网络状态无关，随机过程 $\{X_n, n \in T\}$ 为马尔可夫过程。设某一网络有 $s_1, s_2, \cdots, s_i$ 种状态，s_i 为网络选择时刻的网络状态，则该网络状态改变的马尔可夫模型如图 4-1 所示。

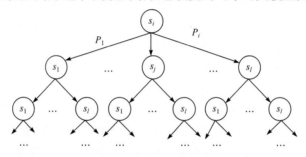

图 4-1　马尔可夫模型

2. 网络状态转移概率

已知网络选择时刻的各网络状态，算法采用马尔可夫模型预测下一时刻的网络状态，即

$$P[s' | s, m] = P[Z_1^{m'}, Z_2^{m'}, \cdots, Z_N^{m'} | Z_1^m, Z_2^m, \cdots, Z_N^m] \tag{4-4}$$

其中，$m = 1, 2, \cdots, M$。

假设各个网络状态属性之间相互独立，状态转移概率与时刻无关，为齐次马尔可夫过程。$S \in Z_1^m \times Z_2^m \times \cdots \times Z_N^m$ 为当前时刻的网络状态，$S' \in Z_1^m \times Z_2^m \times \cdots \times Z_N^m$ 为下一时刻的网络状态。设网络 m 有一种状态，则该网络的状态转移矩阵为

$$P^m = \begin{bmatrix} P_{11}^m & P_{12}^m & \cdots & P_{1l}^m \\ P_{21}^m & P_{22}^m & \cdots & P_{2l}^m \\ \vdots & \vdots & & \vdots \\ P_{l1}^m & P_{l2}^m & \cdots & P_{ll}^m \end{bmatrix}$$

定义 $\alpha(s, m)$ 为网络 m 在 s 状态下用户能得到的收益，可以采用加权求和的方法计算，即

$$\alpha(s,m)=\omega_1\alpha_1(s,m)+\omega_2\alpha_2(s,m)+\cdots+\omega_N\alpha_N(s,m) \tag{4-5}$$

其中，$\alpha_1(s,m),\alpha_2(s,m),\cdots,\alpha_N(s,m)$ 分别是 N 个网络状态属性带来的收益，$0\leqslant\omega_1,\omega_2,\cdots,\omega_N\leqslant1$ 是其相应的权重，且满足 $\omega_1+\omega_2+\cdots+\omega_N=1$。

定义接入决策时刻及之后时刻收益之和为网络总收益，则网络的总收益函数为

$$v_m(s)=\alpha(s,m)+\sum_{s'\in S}P[s'\,|\,s,m]\alpha(s,m) \tag{4-6}$$

3. 熵权法确定指标权重

权重反映各个指标在综合决策过程中的地位或影响，直接影响多属性决策的结果。本节采用熵权法确定指标权重。

(1) 评价指标归一化

由于不同无线网络的各个指标的取值范围均不同，因此为保证接入的公平性和有效性，采用各网络归一化后的指标来做接入判决。网络性能指标分为效益型和成本型，越大越好的指标为效益型指标，如可用带宽、信噪比等，越小越好的指标为成本型指标，如丢包率、阻塞率等采用式归一化，即

$$g_n^m=\frac{z_n^m-\min Z_n^m}{\max Z_n^m-\min Z_n^m}$$
$$g_n^m=\frac{\max Z_n^m-z_n^m}{\max Z_n^m-\min Z_n^m} \tag{4-7}$$

(2) 确定评价指标的熵

根据信息熵的概念，熵是系统无序程度的一个度量。因此，各网络同一指标差距越大，则该指标的熵越小；反之，指标间差距越小，则该指标的熵越大。指标 n 的熵为

$$H_n=-\frac{\sum_{m=1}^{M}q_n^m\ln q_n^m}{\ln M},\quad n=1,2,\cdots,N,\quad m=1,2,\cdots,M \tag{4-8}$$

$$q_n^m=\frac{g_n^m}{\sum_m g_n^m} \tag{4-9}$$

(3) 计算评价指标的熵权

信息熵越大，该指标所能提供的信息量越小，权重就应当越小；反之，熵越小的指标权重应当越大，因此指标 n 的熵权为

$$W_n=\frac{1-H_n}{\sum_{n=1}^{N}(1-H_n)},\quad 0\leqslant W_n\leqslant1,\quad \sum_{n=1}^{N}W_n=1 \tag{4-10}$$

4. 接入选择

当用户有 M 个可接入网络时，总收益值越大，说明接入决策时刻该网络性能越好，也在一定程度上说明在用户接入网络后，该网络依旧能保证服务质量，因此选择总收益值最大的网络作为接入网络，即

$$m = \mathrm{argmax}(v_m), \quad m \in \{1, 2, \cdots, M\} \tag{4-11}$$

4.2.3　基于神经网络的多维网络接入算法

随着生物学界对人脑功能的研究，一种新的技术逐渐诞生并改变我们的生活，这就是人工智能技术。如今，人工智能技术已经被广泛地应用于解决传统方法难以处理的复杂问题，人工智能技术包括具有结构性知识表达能力的模糊控制技术、拥有自学习训练能力的神经网络技术、将二者结合的模糊神经网络技术及其他多种技术。模糊逻辑及神经网络作为智能控制方法，不需要建立准确的系统数学模型，而是采用拟人化的方式，通过系统对以往控制经验的学习总结，形成最终的控制决策。这样的智能控制方法能够简化对复杂系统和过程的控制，在实际应用中的优势非常明显。随着无线通信技术的发展，由于系统的多维性和对多业务的支持，使得系统负载的不确定和动态特性非常突出，这也使得具有不需建立准确系统数学模型的模糊逻辑及神经网络等智能技术在多维无线网络资源管理方面具有非常广阔的应用。

1. BP 神经网络

1974 年，Werbos 提出 BP 神经网络学习算法。该算法可以用于具有多层隐含层的前向神经网络。其特殊之处就是网络在学习时调整各权重的过程，难点在于怎样高效的计算出可以使最后输出误差为零的权值，隐含层越多，难度越大。由于在隐含层难以得到精确的纠正值，因此需要借助其他算法，以最小化输出误差为目标计算隐含层的差错值。

BP 神经网络的参数调整过程为：首先选用输入层的一个神经元及其对应的输出神经元，将输入的信息传递到隐含层的第一层，第一层对信息实行处理并将处理后的信息传递给下一层，逐层前向传播下去，直到输出层。根据输出层输出值与期望的差值，计算出差值随着各层参数改变而改变的速度。然后，将输出误差返回输出层的前一层实行运算，计算输出层与隐含层最后一层之间的连接权值，这样就可以将输出层的误差最小化。依此类推，逐层反向传播重新估计的误差值，并更新权值直到输入层。当没有权值改变后（此时达到了稳定状态），再采用另一对输入输出神经元，重复前向传播计算和反向传播计算过程。

BP 神经网络虽然被广泛使用，但是仍然存在一些缺点。

反向计算调整权值能力在生物学上并不是真实存在的，因此反向传播算法不能作为生物仿真的学习算法。

BP 神经网络对初始参数的选取很重要，如果初值选取的太小容易使系统陷入局部最优，选取的太大则有可能在学习过程中错过最优解。

这个算法需要大量的计算，因此降低了学习训练的速度，使系统收敛过慢。计算误差与更新权值的时间与网络的层数、结构等有关，计算量与权值的数量成比例，并且随着训练样本数目的增加，会导致训练时间比网络学习速度增长的还要快。尽管存在很多加速学习训练的方法，但是 BP 算法依然不太适用于多数实时应用。

2. RBF 神经网络

径向基函数(radial basis function，RBF)是一个以函数逼近理论为基础，具有聚类功能的泛化逼近函数，其表达方式为

$$\mu_i(x) = R_i(x) = R_i(\| x - c_i \| / c_i) \tag{4-12}$$

RBF 神经网络利用节点中核函数形成了复杂的、具有判决功能的局部相互覆盖的感受区域。RBF 应用于神经网络的主要思想是避免冗长的计算，并减少硬件损耗，因此 RBF 神经网络中应包含精确的传递函数和尽量少的节点。基本的 RBF 神经网络的结构较简单，由一层隐含层和一层输出层组成。隐含层中的每个节点作为输入信号的激励函数对输入的信号进行非线性的改变，而输出层是由线性函数组成的，对隐含层输出到输出层的函数值实行线性加权，形成最后的结果。可以将这多组径向基函数的加权理解为一个任意的函数，而神经网络就是实现将这个任意函数对于所期望的输入输出关系函数的逼近。

每个径向基函数的中心向量 c_i 和标量宽度 σ_i 都是对应函数特性的重要参数。当输入参数离中心向量的距离越近，输出的结果就越大(采用欧几里得距离公式计算)。径向基函数有很多种，一般选用高斯核函数，即

$$\mu_i(x) = \exp\left(-\left(\frac{x - c_i}{\sigma_i} \right)^2 \right) \tag{4-13}$$

隐含层与输出层之间由传统的乘法器连接，并且两层之间具有连接权值 w_i。由于神经网络的径向基函数参数和权值决定最后的输出结果，因此需要通过训练 RBF 神经网络寻找合适的中心、带宽，以及隐含层节点连接到输出层节点的权重。

通常，RBF 神经网络的学习过程可以分为两个阶段实行。第一阶段是从输入层到隐含层的有样本的训练过程，第二阶段是从隐含层到输出层的学习。

(1) 从输入层到隐含层的训练过程

从输入层到隐含层的训练过程通常属于有样本的无监督训练。训练过程主要使用聚类方法，根据样本的分布状况，尽可能地减小隐含层 RBF 神经元数目以降低网络复杂程度，并保证在可以覆盖整个样本空间的条件下，找出最具有代表性的值作为 RBF 神经元的中心值 c_i，并确定决定神经元感受区域的半径 σ_i。

(2) 从隐含层到输出层的学习

从隐含层到输出层的学习是指根据输出层的输出结果对神经网络参数进行调整，比较常用的方法是负梯度下降法。神经网络中的输出结果与各神经元参数，以及隐含层到输出层的连接权值有关，假如最后输出的结果与期望的输出之间的偏差是输出层无法接受的，则将这个误差值反向传给初始连接处，通过调整各参数使误差信号达到最小。误差信号函数的表达方式为

$$J(\overline{W}) = \frac{1}{2}\varepsilon(\overline{W},k)^2 = \frac{1}{2}[Y(k) - \overline{Y}(\overline{W},k)]^2 \tag{4-14}$$

其中，$Y(k)$ 为实际的输出；$\overline{Y}(\overline{W},k)$ 为期望的输出；$\varepsilon(\overline{W},k)^2$ 为所有参数的向量；$\varepsilon(\overline{W},k)^2$ 为实际输出与期望值的偏差。

负梯度下降法是对参数和权值实行调整使误差信号达到最小的方法。其基本思想是将神经网络的输出看作关于神经网络参数的函数，以实际的输出与期望输出的误差达到最小为学习目标，沿着误差信号函数的负梯度方向，对神经网络的参数和权值不断地调整。调整参数和权值的通用公式为

$$\overline{W}(k+1) = \overline{W}(k) + \eta\left(-\frac{\partial J(\overline{W})}{\partial \overline{W}}\right)\bigg|_{\overline{W}=\overline{W}(k)} \tag{4-15}$$

其中，η 是控制参数和权值学习调整速度的学习因子，是梯度搜索的步长，会影响到整个学习过程的稳定性，η 值越大，每一次神经网络的参数或权值的调整幅度就越大，可能因为错过正确调整值而导致学习过程的不收敛；η 值越小，学习调整的时间就越长，会导致收敛速度慢，但是可以保证收敛性。因此，实际应用中一般采用较小的 η 值，保证学习过程最后可以达到收敛。

RBF 神经网络与 BP 神经网络相比，主要具有如下优点。

① 与 BP 神经网络相比，RBF 神经网络具有更好的函数逼近能力，几乎可以实现对任意函数的逼近。

② RBF 神经网络良好的泛化能力，容错性更高。

③ BP 神经网络的学习收敛速度很慢，且容易陷入参数的局部最优解。RBF 神经网络具有更快的学习收敛速度，且易于得到参数的全局最优解。

由于 RBF 神经网络与 BP 神经网络相比具有更良好的特性，因此 RBF 神经网络具有更广泛的应用空间，人们对于 RBF 神经网络的研究也越来越深入。本节

采用结构简单、逼近能力较好，并具有函数等价性的 RBF 模糊神经网络。

3. RBF 模糊神经网络结构

如图 4-2 所示的模糊神经网络为四层结构。第一层为输入层，该层有 2 节点，输入量为 D_P 和 D_R，即 $x=[D_P,D_R]$。第二层为模糊化层，对输入参量实行模糊化。这里将 D_P 和 D_R 各自划分为 3 个模糊子集{正、零、负}，因此该层共有 6 个节点。每个节点对所对应的第 i 个输入变量的第 j 个模糊子集的隶属度 μ_{ij} (i=1, 2; j=1, 2, 3)进行计算，隶属度函数可以选用高斯函数，即

$$\mu_{ij}(x_i) = \exp\left(-\left(\frac{x_i - c_{ij}}{\sigma_{ij}^2}\right)^2\right) \tag{4-16}$$

其中，x_i、c_{ij} 和 σ_{ij}^2 分别为输入变量、隶属度函数中心和隶属度函数宽度。

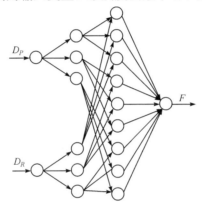

图 4-2　RBF 模糊神经网络结构

第三层为模糊规则层，用来匹配模糊规则前件并计算出每条规则的适用度。该层的每个节点代表一个模糊规则，由于输入模糊子集的全排列组合可以得到 3×3=9 条规则，因此该层有 9 个节点。每个节点的规则适应度 a_{mn} (m=1, 2, 3; n=1, 2, 3)采用极小运算得到，即

$$a_{mn} = \mu_{1m}\mu_{2n} \tag{4-17}$$

第四层为解模糊层，采用加权平均法计算模糊神经网络的输出 F，即

$$F = \frac{\sum_{m-1}^{3}\sum_{n-1}^{3} w_{mn} a_{mn}}{\sum_{m-1}^{3}\sum_{n-1}^{3} a_{mn}} \tag{4-18}$$

其中，w_{mn} 为规则层与解模糊层之间的连接权值。

利用强化学习过程对模糊神经网络中的参数实行调整，以使均方误差函数达到最小。强化学习信号定义为

$$r(t) = y^* - y(t) \tag{4-19}$$

目标均方误差函数定义为

$$E(t) = \frac{1}{2}(y^* - y(t)) \tag{4-20}$$

其中，$y(t)$ 为实际统计得到的 2 个网络的接入阻塞率之差；y^* 为该差值的期望值，$y^*=0$。

为减小训练过程的震荡，可以对网络参数的修正采用附加动量项的负梯度下降法。本模糊神经网络共有 3 个参数 c_{ij}、σ_{ij} 和 w_{mn} 需要修正，其具体修正方法如下。

① 隶属度函数中心 c_{ij}。

$$c_{ij}(t+1) = c_{ij}(t) - \eta \frac{\partial E}{\partial c_{ij}} + \alpha \left(c_{ij}(t) - c_{ij}(t-1) \right)$$

$$= \begin{cases} c_{ij}(t) + \eta r(t) \dfrac{2(x_i - c_{ij})^2}{\sigma_{ij}^{\ 3}} \dfrac{\displaystyle\sum_{n-1}^{3} \alpha_{jn}(w_{jn} - y(t))}{\displaystyle\sum_{m-1}^{3}\sum_{n-1}^{3} \alpha_{mn}} \\ \qquad \times \alpha \left(c_{ij}(t) - c_{ij}(t-1) \right), \quad i = 1 \\[2em] \sigma_{ij}(t) + \eta r(t) \dfrac{2(x_i - c_{ij})^2}{\sigma_{ij}^{\ 3}} \dfrac{\displaystyle\sum_{m-1}^{3} \alpha_{mj}(w_{mj} - y(t))}{\displaystyle\sum_{m-1}^{3}\sum_{n-1}^{3} \alpha_{mn}} \\ \qquad \times \alpha \left(c_{ij}(t) - c_{ij}(t-1) \right), \quad i = 2 \end{cases} \tag{4-21}$$

② 隶属度函数宽度 σ_{ij}。

$$\sigma_{ij}(t+1) = \sigma_{ij}(t) - \eta \frac{\partial E}{\partial \sigma_{ij}} + \alpha \left(\sigma_{ij}(t) - \sigma_{ij}(t-1) \right)$$

$$= \begin{cases} \sigma_{ij}(t) + \eta r(t) \dfrac{2(x_i - c_{ij})^2}{\sigma_{ij}^{\ 3}} \dfrac{\displaystyle\sum_{n-1}^{3} \alpha_{jn}(w_{jn} - y(t))}{\displaystyle\sum_{m-1}^{3}\sum_{n-1}^{3} \alpha_{mn}} \\ \qquad \times \alpha \left(\sigma_{ij}(t) - \sigma_{ij}(t-1) \right), \quad i = 1 \\[2em] \sigma_{ij}(t) + \eta r(t) \dfrac{2(x_i - c_{ij})^2}{\sigma_{ij}^{\ 3}} \dfrac{\displaystyle\sum_{m-1}^{3} \alpha_{mj}(w_{mj} - y(t))}{\displaystyle\sum_{m-1}^{3}\sum_{n-1}^{3} \alpha_{mn}} \\ \qquad \times \alpha \left(\sigma_{ij}(t) - \sigma_{ij}(t-1) \right), \quad i = 2 \end{cases} \tag{4-22}$$

规则层与解模糊层之间的连接权值为

$$w_{mn}(t+1) = w_{mn}(t) - \eta \frac{\partial E}{\partial w_{mn}} + \alpha \left(w_{mn}(t) - w_{mn}(t-1) \right)$$

$$= w_{mn}(t) + \eta r(t) \frac{\alpha_{mn}}{\sum\limits_{m-1}^{3} \sum\limits_{n-1}^{3} \alpha_{mn}} + \alpha \left(w_{mn}(t) - w_{mn}(t-1) \right) \tag{4-23}$$

其中，η 和 α 分别为学习因子和动量因子。

对模糊神经网络参数 c_{ij}、σ_{ij} 和 w_{mn} 的强化学习调整主要分为如下两个阶段。

对模糊神经网络的参数实行初始训练调整。在实际应用中，为避免影响网络的运营状况，该初始调整过程可以利用实验网络或者软件仿真等方式实现。通过对参数的训练直至均方误差小于预设的阈值，才认为当前参数下的模糊神经网络实行接入判决能使网络间的接入阻塞率趋于相等。

对模糊神经网络的参数进行在线训练调整。利用初始训练好的模糊神经网络实行判决，并对参数实行在线调整，以动态适应网络状况的改变，达到较好的判决效果。

根据两个网络的资源利用对比状况和信号强弱对比状况得出模糊判决因子 F，以表征哪个网络更适于接入。并且，模糊神经网络的输入参数 D_P、D_R 和强化学习算法的输入量 $y(t)$ 对不同的网络具有通用性，与不同网络的性能结构方面的差异无关。因此，在不同的两个网络间，接入选择、参数训练调整过程采用的是同一个模糊神经网络。

本阶段按模糊神经网络的输出参数 F 实行接入判决以得到局部判决结果，F 若小于 0.5，则判决接入网络 1；F 若大于 0.5，则判决接入网络 2；F 若等于 0.5，则选择信号强度较强的网络接入。

4.3　多维网络的接入切换

在移动无线通信和互联网技术的迅速发展的背景下，用户已经不再单单满足于传统以太网固定接入模式，而是希望能够通过各种各样的多模通信设备，随时随地都可以进行网络通信，传输宽带无线多媒体业务。在这种需求下，使得无线通信技术呈现出异常繁荣的景象，包括 GSM 网络、3G 移动通信网络、IEEE 802.11 无线网络、无线数传网络、卫星通信网络等技术为用户提供了多种网络接入服务。

多维网络就是随着空间、时间、制式多个参数的改变而改变的网络。其中，空间改变的因素包括覆盖、遮挡、干扰、节点移动速度等；时间改变的因素包括节点的能量、传输时延、响应时间、抖动等；制式改变的因素包括带宽、安全性、覆盖率等。制式的改变与现有的多种网络有关，包括 GSM 网络、3G 移动通信网络、无线数传网络、IEEE 802.11 无线网络、有线网络、卫星通信网络等多种通信网络。

由于各类通信网络的接入方式和网络状态、服务质量，以及网络覆盖面积等不同，使用户节点在不同网络之间的切换变得异常频繁，因此如何在保证网络可靠性和高效性的状态下为用户节点提供多维网络间的平滑切换就成为目前研究的重点。

用户节点在同构网络重叠区间的切换被称为水平切换，对应的用户节点在两个不同类别的网络接入点之间的切换称为垂直切换。垂直切换是一个相当复杂和繁琐的过程，要求低时延、低功耗、占用尽可能小的带宽，因此对无线接入技术、信号检测、信道分配和无线资源优化管理都提出更高要求。目前的多维网络融合方案中的切换技术主要包括基于移动 IP 的 Internet 多维无线网络互联方案；无授权移动接入技术(unlicensed mobile access, UMA)，目的是开发一个新的技术标准，将现有的蜂窝网数据服务延伸到蓝牙、无线局域网等无须授权的频谱；IEEE 802.21 工作组计划为不同类型的基于 802.X 协议标准的网络之间的话路切换制订相应的协议标准。

4.3.1 切换流程

当用户的多模终端具备访问多个网络的能力时，就带来了在多维无线网络中实行切换的问题。这种多维无线网络切换既包括在同种网络的不同小区之间的切换，也包括在不同网络不同小区之间的切换。在切换过程中，需要利用切换判决算法决定是否实行切换，以及切换至何种网络或小区。在多维无线网络的切换判决中，不仅要考虑切换前后的网络或小区的信号强度是否符合切换要求，还需要综合考虑其他多种目标，如移动台的移动速度、切换前后各网络或小区的流量状况和切换前后网络或小区的收费差异等。可以说，仅靠单一目标(如接收信号强度)做出的切换判定未必是最优的选择。通常，一个多维网络之间的切换操作包括系统发现、切换判决、切换执行等阶段。

(1) 系统发现阶段

在多维无线网络环境中,其触发的切换可以是水平切换,也可以是垂直切换。水平切换一般是由移动节点地理位置移动引起一些协议层(如链路层、网络层等)状态改变触发的。垂直切换强调的是接入点的改变，而接入点改变并不一定是由地理位置改变引起的，也可能由业务需求改变等原因触发。切换的触发同目标系统的检测紧密相连。

系统发现主要是指移动节点(mobile node，MN)检测到可用无线网络，配备多接口的节点可以激活相应的接口接收不同无线网络的广播消息。最简单的系统发现的方法是让所有的接口都处于打开的状态，但是如果在没有发送/接收数据的状况下，仍然激活接口，就会带来不必要的功率消耗。为了避免空闲接口一直处于打开的状态，可以考虑将基于事件触发和基于时间触发结合起来。多模移动节点一般应该在收到切换触发(基于事件触发，如业务类型的改变、当前接入网络状态的改变等)或者周期性(基于时间触发)地根据切换策略和算法去激活相应接口，并搜索和检测移动节点当前所处通信环境及可接入的目标网络。

(2) 切换判决阶段

切换判决主要用来评估是否需要实行水平或垂直切换的一些指标，评估的结果有助于解决"切换至哪个无线网络"的问题。在水平切换中，主要根据信号质量进行度量，而在垂直切换的情形下，由于切换前后的网络特征差异较大，网络间的指标往往不具有可比性，若仅考虑信号质量，系统难以做出合适的切换决策，还需要考虑如下几个方面。

① 业务类型。不同的业务类型需要不同的带宽、时延、抖动。

② 网络费用。费用因素一直都是用户关注的主要问题。不同的网络对应不同的价格策略，这在很大程度上也会影响用户选择使用哪一种网络。

③ 网络状况。网络的负荷、可用带宽、网络时延，以及丢包率也会影响选择使用哪种网络。利用这些网络状况信息将有助于实行不同网络之间的负载均衡，尤其是减小某个网络的拥塞状况。

④ 系统性能。为了保证系统性能，切换判决可以利用许多参数，如信道传输特性、路经损耗、信道间干扰、信噪比和比特差错率等。此外，电池消耗将是某些用户考虑的关键因素。当终端的电池电量比较低时，用户可以选择切换至功率要求比较小的网络中。

⑤ 移动节点状况。移动节点状况包括移动速率、移动轨迹、移动历史记录和位置信息等动态因素。

⑥ 用户喜好。应该能够根据用户的请求从一种网络切换至另一种网络。

(3) 切换执行阶段

切换执行过程涉及多种不同的网络接入技术，通过切换控制协议(包括链路层、网络层、传输层和应用层等)完成切换的具体实施，将正在实行的通信会话从切换前的网络中的接入点转移至目标网络中的接入点。

从网络协议栈的分层角度考虑，单一类型移动网络实现移动性的网络层次是多样化的，如物理层、链路层、网络层、传输层和应用层都可以实现移动性。由于这些协议工作在特定的网络层次上，每一种移动性的实现方法都有优点和不足，或是依赖于特定的无线射频技术，或是取决于传输技术、网络结构等。因此，对于多维无线网络环境，需要在现有移动性管理协议的基础上，根据应用的需求和网络环境实行适当的选择，寻求通用有效的移动性管理解决方案。

4.3.2　切换分类

水平切换是指在同一类型接入网络(同构网络)内部的移动性切换。

垂直切换是指在不同类型接入网络(异构网络)间的移动性切换。

从切换方向上分类，可将垂直切换分为上行垂直切换和下行垂直切换。上行垂直切换是指移动节点从覆盖范围小的蜂窝(包括热点地区 WIFI 覆盖点)切换到覆盖范围大的蜂窝。下行垂直切换是指移动节点从覆盖范围大的蜂窝切换到覆盖范围小的蜂窝。垂直切换与水平切换示意图如图 4-3 所示。

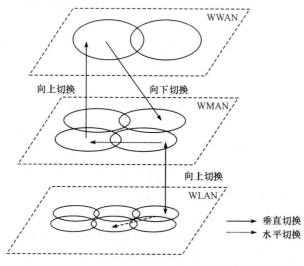

图 4-3　垂直切换与水平切换示意图

因为垂直切换前后的接入网络存在明显的特性差异，所以垂直切换具有不对称性。相对而言，下行垂直切换对时间不太敏感，而上行垂直切换对时间更加敏感。特别是针对微微蜂窝，因为其无线信号场强改变很大，实行业务量和无线信号有效覆盖的预测都是不太可能的。例如，WLAN 与 GPRS 间的垂直切换，从 WLAN 到 GPRS 的切换算法更为关键。因为移动节点从 WLAN 覆盖区域的快速移出会突然遭受无线链路信号严重恶化，甚至会因无线链路信号突然消失而导致通信中断，从而使业务 QoS 显著下降。因此，必须实行非常快速的切换保持高层通信的有效连接。

也可以从另一角度来看垂直切换的不对称性，下行垂直切换一般是基于特定策略(由系统或用户设定)优化下的正常切换，此时有多个网络接口可用，切换并不是必要的、急迫的。上行垂直切换往往是基于 QoS 保证下的紧急切换(或称为强制切换)，强制切换一般是指支持当前会话的网络接口的可用性快速下降(由相关的物理层和链路层事件直接触发)，必须立即切换，避免通信质量严重下降，其至通信中断。当然，从实施方式看，这两类切换都可以采用系统自动方式或者用户手动方式。

除了切换过程中涉及的接入网络技术是否同类，垂直切换与水平切换在很多方面还存在差异。

① 触发切换的原因不同。水平切换往往和终端移动引起的物理位置改变有关，是动态的。垂直切换强调接入点的改变，而接入点的改变并不一定是由物理位置改变引起，还可能由接入技术的改变引起，因此可能是静态的。

② 切换决策判决因素不同。水平切换的决策通常根据终端接收到的物理信号强度(received signal strength，RSS)及其指标的改变(如带阈值的 RSS、带滞后余量的 RSS)和信道可用性的实行。在垂直切换中，由于切换前后的网络特征差异较大，网络间的 RSS 指标不具有可比性，虽然可以分别为不同的网络设置不同的切换阈值，但是仅基于此实行垂直切换决策是不够的，还需要考虑与网络、应用、用户和终端相关的 QoS、用户偏好、服务资费等多种因素，是典型的多标准决策问题。

③ 切换控制方式不同。水平切换大多由网络发起，终端是被动的。在垂直切换，用户可以根据偏好设置主动发起切换。

④ 切换中的链路转换实现不同。水平切换出现在同种接入技术之间，切换前后的无线链路采用相同的链路层技术，因此水平切换中的链路转换常在链路层实现。垂直切换涉及各种异构的链路层接入技术，并且要保证独立于底层接入，因此垂直切换中的链路转换在网络层及其上层实现，网络层、传输层和应用层都有支持垂直切换的典型技术。

如表 4-1 所示为水平切换与垂直切换比较表。

表 4-1　水平切换与垂直切换比较表

比较项	水平切换	垂直切换
涉及的接入技术	同类接入技术	异类接入技术
切换触发原因	终端动态移动引起的物理位置改变导致网络接入点的改变	强调接入点的改变，可能由物理位置改变或者接入技术改变引起
切换决策因素	主要基于对链路，尤其是接收信号强度的测量，即 RSS 及其改变指标	综合考虑与用户、应用、网络、终端有关的各种因素
切换控制方式	常由网络控制，终端被动或完成辅助的测量工作	常由用户或终端根据偏好或 QoS 主动发起
链路转换实现	在链路层实现	在网络层、传输层或应用层实现
不对称性	无	有，分为向上切换和向下切换

4.3.3　多维网络切换方法

从多维网络的角度来看，各同构网络内的水平切换仍采用各自网络的切换控制方式，而异构网络间的垂直切换应结合当前移动节点所在网络的状况和移动节点自身状况，包括业务状况等实行综合决策。本节提出一种多维网络平滑切换方法，介绍多维网络中如何根据其多维特性进行网络切换。

其方法步骤为网络初始化排序、主备网络的选择、网络切换。网络初始化排序是指通过网络排序算法、统计分析算法对候选网络的优先级实行排名。主备网络的选择是指根据网络性能预测结果，选取性能优者为主备网络。网络切换是指周期性地实行网络切换或在一个周期内实行主备网络切换，选取性能较优的网络实行数据传输。

网络初始化排序步骤如下。

① 确定切换判决因子，根据多维网络定义，切换判决因子分为空间、时间、制式。

② 利用层次分析算法(analytic hierarchy process, AHP)，将网络选择问题分解为一个层次结构模型，所述层次结构模型包括三个层次，即目标接入网放在层次结构中的最高层、切换判决因子放在层次结构中的中间层、候选网络放在最底层。

③ 利用网络排名算法得到一个排名周期内的网络排名。

主备网络的选择过程是通过网络初始化排序获得排在前三位的网络，将排在第一位的网络设置为主网络，排在第二位的网络设置为备用网络1，排在第三位的网络设置为备用网络2。在本周期内，利用主网络和备用网络并行传输数据，用户接收主网络传输的数据，备用网络将数据放入缓存区且进入等待切换状态。

网络切换步骤具体包括按周期地实行预测切换和周期内的主备网络切换。所述按周期地实行预测切换是指通过周期性的网络性能预测，在各周期内选取性能最优的网络进行数据传输。所述周期内的主备网络切换是指周期内若出现主网络断线的状况，执行主备网络切换，保证数据传输不中断。

按周期进行预测切换具体包括定义一个统计周期，在统计周期内定时的执行网络排序算法，统计周期结束时对周期内获得的数据实行分析处理，得到一个总的网络排序；如果排在前三位的网络与上一周期的一致，则不实行网络切换，继续传输业务；如果排在前三位的网络与上一周期的不一致，则实行切换，重新选择主备网络。

在一个周期内，当主网络发生故障时，立刻切换到备用网络1，向用户显示备用网络1的业务数据，备用网络1成为主网络，备用网络2成为备用网络1。

1. 多维网络统计排序

利用 AHP 法将网络选择问题分解成一个层次结构，包含目标接入网放在层

次结构中的最高层,切换判决因了放在层次结构中的中层,候选网络位于最底层,
如图 4-4 所示。

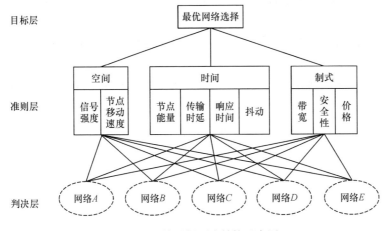

图 4-4　网络选择层次结构示意图

根据网络排名算法——TOPSIS 算法,我们可以得到任意一个周期的网络排
名。暂设有五种网络,五种网络在 t_1 时刻的网络性能排名为 $A(t=t_1)$、$B(t=t_1)$、$C(t=t_1)$、$D(t=t_1)$、$E(t=t_1)$,其中 t 表示网络排名的时间片,$t=t_1$ 表示在 t_1 时刻实行网络
排名。同理,我们得到 $t=t_n$ 时刻的五种网络的网络排名为 $B(t=t_n)$、$A(t=t_n)$、$C(t=t_n)$、$D(t=t_n)$、$E(t=t_n)$,在各个时刻得到的网络排名是一个一维向量,我们各个
时刻得到网络排名为 A_i、B_i、C_i、D_i、E_i,其中 $i\in\{1, 2, \cdots, n\}$,i 分别代表网
络排名时间点 t_i。我们把各个时刻的网络排名实行统计处理,可以得到 $5\times n$ 维矩
阵,即

$$\begin{bmatrix} A_1 & B_2 & C_3 & \cdots & A_n \\ B_1 & A_2 & B_3 & \cdots & C_n \\ C_1 & E_2 & A_3 & \cdots & B_n \\ D_1 & D_2 & D_3 & \cdots & D_n \\ E_1 & C_2 & E_3 & \cdots & E_n \end{bmatrix}$$

其中,矩阵的第 1 列表示 t_1 时刻的网络排名;第 2 列表示 t_2 时刻的网络排名;依
此类推,第 n 列表示 t_n 时刻的网络排名。

因为每次网络排名,五种网络 A、B、C、D 和 E 都会得到一个在 (0, 1) 的网
络性能数值,令 t_i 时刻所得的网络排名数值为 λ_j^i,其中 j 标示矩阵的行,取值为
$1\sim 5$,i 标示矩阵的列,取值为 1, 2, $\cdots$, n,由此可得各时刻网络性能的状态
阵,即

$$\begin{bmatrix} \lambda_1^1 & \lambda_1^2 & \cdots & \lambda_1^3 & \cdots & \lambda_1^n \\ \lambda_2^1 & \lambda_2^2 & \cdots & \lambda_2^3 & \cdots & \lambda_2^n \\ \lambda_3^1 & \lambda_3^2 & \cdots & \lambda_3^3 & \cdots & \lambda_3^n \\ \lambda_4^1 & \lambda_4^2 & \cdots & \lambda_4^3 & \cdots & \lambda_4^n \\ \lambda_5^1 & \lambda_5^2 & \cdots & \lambda_5^3 & \cdots & \lambda_5^n \end{bmatrix}$$

取状态阵的列向量，在任意时刻 t_i 的状态矢量为 $f_i\left(\lambda_1^i,\lambda_2^i,\lambda_3^i,\lambda_4^i,\lambda_5^i\right)^{\mathrm{T}}$，其中 $\lambda_j^i,(j=1,2,3,4,5)$ 表示网络排名性能的值，则状态阵可以变换一维行向量 $(f_1,f_2,\cdots,f_n)$，其中 f_i 代表 t_i 时刻的列向量。由于 A、B、C、D、E 五种网络相互独立不相关，因此满足 N 维高斯分布在 A、B、C、D、E 五种网络上的投影。其均值为 0，背景噪声为 δ^2，$\lambda_j^i \sim N(0,\delta^2)$，通信性能的改变符合高斯分布，因此网络状态 $\lambda_1^i,\lambda_2^i,\lambda_3^i,\lambda_4^i,\lambda_5^i$ 符合五维联合高斯分布。令 $(\lambda_j^i)=\dfrac{1}{\sqrt{2\pi}\delta}\mathrm{e}^{\frac{\left(\sum\lambda_i^j-\mu\right)}{2\delta^2}}=\eta_i$，其中 η_i 代表五种网络在 t_i 时的总体性能，将 $\lambda_1^i,\lambda_2^i,\lambda_3^i,\lambda_4^i,\lambda_5^i$ 带入 $f_i=(\lambda_j^i)$，可算得 $f_1=\eta_1$，$f_2=\eta_2,\cdots,f_n=\eta_n$，则 $5\times n$ 状态阵变为一维向量 $(\eta_1,\eta_2,\cdots,\eta_n)$。

根据龙格插值法，拟定方程为

$$\begin{cases} \eta_{n+1}=\eta_n+h \\ k_1=f(\eta_n,t_n) \\ k_2=f(\eta_n+f(\eta_{n-1},t_{n-1})) \end{cases} \tag{4-24}$$

其中，c_1，$c_2\in(0,1)$；$h=\dfrac{1}{5}\left(\displaystyle\sum_{j=1}^{5}\sum_{i=1}^{n}\lambda_j^i\right)$；$t=t_{n+1}$ 时刻的网络状态值为 η_{n+1}，由高斯可逆，可求得单独时刻的网络排名 $\left(\lambda_1^{n+1},\lambda_2^{n+1},\lambda_3^{n+1},\lambda_4^{n+1},\lambda_5^{n+1}\right)^{\mathrm{T}}$，至此我们可以得到 $t=t_{n+1}$ 时刻网络状态向量 $\left(\lambda_1^{n+1},\lambda_2^{n+1},\lambda_3^{n+1},\lambda_4^{n+1},\lambda_5^{n+1}\right)^{\mathrm{T}}$，即预测出 t_{n+1} 时刻网络的性能状况，即 A 网络 t_{n+1} 时刻的网络性能为 λ_1^{n+1}，$A(t_{n+1})=\lambda_1^{n+1}$。同理，$B(t_{n+1})=\lambda_2^{n+1}$、$C(t_{n+1})=\lambda_3^{n+1}$、$D(t_{n+1})=\lambda_4^{n+1}$、$E(t_{n+1})=\lambda_5^{n+1}$，据此我们可得 t_{n+1} 时刻的网络排名，以此计算出的网络排名来决定是否实行网络切换，当正在传输数据主网络(暂设 A 网络)不在 t_{n+1} 时刻所得网络排名的前三名时，实行切换，否则不实行切换。取 $n=10k$，(k 为自然数)，则在网络排名时间片 $10t_i$ 的时间点实行一次排名统计，以决定是否切换，其中只在网络排名时间片 $10t_i$ 时间实行排名统计，而在其他时间点继续利用 TOPSIS 算法实行网络排名计算。

2. 网络切换

节点启动，接入多维网络，多维网络层的切换控制单元开始工作。切换控制单元如图 4-5 所示。

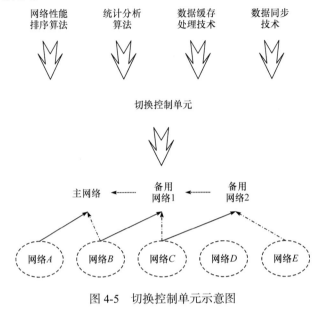

图 4-5　切换控制单元示意图

　　首先,调用一次网络排序算法实行网络初始化排序,获得排在前三位的网络。定义主用、备用网络,排在第一位的网络为主用网络,排在第二位的网络为备用网络 1,排在第三位的网络为备用网络 2。

　　备用网络与主网络并行传输业务数据,并将数据放入缓存区(该网络进入等待切换状态),运用同步技术保证三个网络的数据同步,仅向用户显示主网络的业务数据即可,如图 4-6 所示。

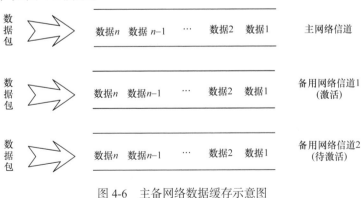

图 4-6　主备网络数据缓存示意图

3. 预测切换

　　多维网络平滑切换包括两种切换,一种是周期地实行预测切换,选取性能较优的网络实行数据传输；另一种是周期内若出现主网络断掉的状况，执行主备网络切换，保证业务不中断。

周期执行预测切换，定义一个统计周期，在统计周期内定时执行网络排序算法，统计周期结束时对周期内获得的数据实行统计分析处理，得到一个总的网络排序。在统计周期内定时执行网络排序算法，将每次计算的结果存入缓存，待统计周期结束时运用统计分析算法对统计周期过程内获得的 N 组排序结果进行处理，得到上一网络周期内网络性能的总体排序，清空上一周期的统计结果。如果排在前三位的网络与上一次的一致，那么不切换，继续传输业务。如果排在前三位的网络与上一次的不一致，那么发生切换，重新选择主备网络。此过程能有效预测网络状况，当预测到网络状况有所下降时就会发生切换，确保性能优良的网络传输业务。同时统计周期的引入，以及前三位网络是否一致的判断也能避免频繁切换导致的乒乓效应。预测切换过程如图 4-7 所示。

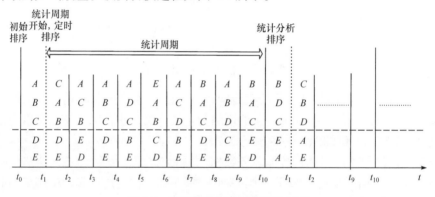

图 4-7　网络统计排序时间轴示意图

在 t_0 时刻，通过网络层次分析和排序算法，对现有的网络初始化排序，得到网络 A～网络 E 的一次排序。选择网络性能良好的前三网络同步对数据业务实行传输，其中网络 A 为主要传输网络，网络 B 和网络 C 为备用传输网络。

从 t_1 时刻开始，候选网络进入一个统计周期，同时控制单元在固定时隙的时间点对候选网络执行网络性能排序算法。在 t_1 时刻，网络排序结果发生改变，由于排在前三网络并没有改变，因此数据业务仍由主要网络 A、备用网络 B 和网络 C 同步传输。

在一个统计周期内，控制单元在每一时刻执行的网络性能排序算法的结构都会由控制单元实行统计，当到达统计周期结束时刻 t_{10}，统计分析会将该周期内的网络性能排名状况实行统计，并得出新一轮的网络性能排名顺序，由此筛选出主要网络 B、备用网络 D 和网络 C。由于前三位网络发生了改变，因此执行切换。在下一个统计周期内，数据业务由重新排名筛选出来的网络实行传输，控制单元清空上一轮排序统计数据，开始进入本周期统计。

　　在统计周期内如果出现极端状况，如主网络突然断掉，那么立刻切换到备用网络 1，向用户显示备用网络 1 的业务数据，备用网络 1 变为主网络，备用网络 2 变为备用网络 1。运用主备机制能够保证在主网络突然中断状况下，迅速切换至备用网络，使得业务不中断。主备网络切换示意图如图 4-8 所示。

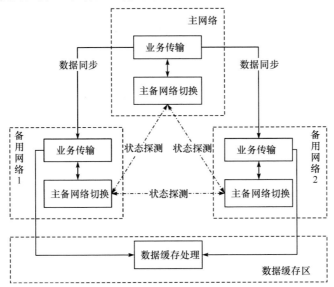

图 4-8　主备网络切换示意图

参 考 文 献

邓强, 陈山枝, 胡博, 等, 2010. 异构无线网络中基于马尔可夫决策过程的区分业务接纳控制的研究. 通信学报, 31(12):27-36.

施政, 朱琦, 2012. 基于马尔可夫过程的异构网络性能分析与优化. 电子与信息学报, 34(9): 2224-2229.

石文孝, 范绍帅, 王柟, 等, 2010. 基于模糊神经网络的异构无线网络接入选择算法. 通信学报, 31(9):151-156.

汤奕, 2014. 异构无线网络接入选择算法研究. 北京: 华北电力大学博士学位论文.

唐余亮, 2009. 异构无线网络的移动性管理关键技术研究. 厦门: 厦门大学博士学位论文.

陶洋, 2011. 信息网络组织与体系结构. 北京: 清华大学出版社.

陶洋, 2014. 网络系统特性研究与分析. 北京: 国防工业出版社.

陶洋, 谭鹏, 2013. 一种多维网络平滑切换方法. CN, 103402224A. 2013-08-09.

Giupponi L, Agusti R, Perez R J, et al., 2009. Fuzzy neural control for economic-driven radio resource management in beyond 3G net-works. IEEE Transactions on Systems, 39(2): 170-189.

第 5 章　多维网络的动态性分析

多维网络属于动态网络概念，主要体现在网络空间特性、时间可变及制式异构，是由复杂可变的交织环境构成的不稳定网络。

5.1　多维网络的结构动态性

5.1.1　结构动态性

要想了解网络的结构动态性，必须先了解什么是网络的拓扑结构。简单地说，网络拓扑结构是指用传输媒体互连各种设备的物理布局，就是用什么方式把网络中的计算机等设备连接起来。网络结构的动态性是相对于静态性而言的，动态结构以静态结构为基础，因此有必要了解静态结构的组成。静态结构包括物理结构和逻辑结构。

物理拓扑结构指的是网络中各物理组成部分之间的物理连接关系，即实际网络节点和传输链路的布局或几何排列，反映网络的物理形状和物理连接性。可以把物理拓扑结构想象成从外部观察物理网络看到的网络布局。要理解物理拓扑结构，可以完全忽略数据的流动方式，而将注意力集中于组成网络的电缆、集线器和节点的实际联系上。

逻辑拓扑结构指的是信道的构成结构和相互关系，以及信息流之间的逻辑关系，反映网络的逻辑形状和逻辑上的连接性。要理解逻辑拓扑结构需要与网络中流动的数据融为一体。循着数据流动的路径就是网络的逻辑拓扑结构。

结构的动态性是指网络的结构不是一成不变的，当某个节点发生变化时，整个网络的结构也会发生相应的变化，从而最大限度地维持网络的性能。传统的静态网络则做不到这一点，当某个节点发生变化时，系统的性能就会降低，严重时甚至造成整个网络的瘫痪。结构的动态性在一定程度上增强了网络的鲁棒性，从而能够更加可靠的为用户服务。在现实生活中，有诸多因素造成网络拓扑结构的动态性，主要原因有如下三点。

① 人为的管理和配置因素，如资源配置、可靠性要求。

② 故障或资源失效因素，如物理连接中断、节点消失等。

③ 自然破坏因素，如电磁波的干扰等。

拓扑结构的选择不但与传输媒体的选择和媒体访问控制方法的确定紧密相关，更重要的是结构本身具有的特性，因此在选择网络拓扑结构时，应该考虑如下结构特性。

(1) 结构连通性

这是最基本的网络拓扑结构要求。网络的拓扑连通性就是网络中任意两个节点之间存在至少一条路径，才具备实现信息交互的最基本条件。这种路径在实际网络中可以是有线的，也可以是无线的。

网络的连通性会因某些节点或链路(边)的失效而变差，甚至使整个网络结构变为两个以上的失去相互关联关系的子图。从图论的角度就是成为不连通图，该网络就会崩溃或降级至使用部分网络功能。

(2) 结构可靠性

不论什么网络，在拓扑结构设计时都应尽可能提高其可靠性，保证网络在更宽泛的条件下能准确地传递信息和执行应用。不仅如此，还要考虑整个网络的可维护性，并使故障诊断和故障修复较为方便。

(3) 网络结构的复杂程度

通常情况下确定网络的拓扑结构都是在满足网络建设各种需求的前提下，追求拓扑结构的最简化。特别是，建立拥有不同等级的网络时，尽最大可能地减少网络的等级数和网络拓扑结构组合的复杂性。相对而言，相同结构的组合具有更好的特性。

(4) 建设成本和管理代价

网络拓扑结构是影响建设成本和管理代价的重要因素。建设不同结构的网络不但存在巨大的技术差别，而且建设成本差别也很大，因此在拓扑结构确定的同时，要清楚相应的建设费用，使所选结构与成本相比尽可能优化。此外，就是可管理性问题，建设费用有可能是一次性的，但管理费用是长期支出的，因此拓扑结构选择时也要充分考虑后期管理成本。

(5) 可扩展性和适应性

网络结构的变化是一个持续的活动，很少有网络结构不发生改变的，有的是推翻原有结构重新组建新的结构，有的是原结构的扩展。前者大多数情况是有新的网络技术出现，如计算网络中的总线结构由于交换技术的进步变为星型结构，后者是业务的提升和应用面的扩大，需要对网络进行扩充。因此，进行网络拓扑结构设计时要有一定的网络拓扑结构变化的灵活性和扩展性的考虑，以适应网络结构的变化和改造，使网络在需要扩展或改动时，能快速重新配置网络拓扑结构，方便地对原有站点删除，新节点和链路(边)的加入。

动态网络的拓扑结构在整个研究阶段不断演化改变，对于很多应用而言，无论是准确描述动态网络整体变化趋势，还是更精确的计算网络间的变化程度都是很有意义的工作。

1. 拓扑结构空间扩展性

拓扑结构的空间扩展性主要表现为平面拓扑结构向三维拓扑结构的演变，如图 5-1 所示。这种变化是由节点运动引起的，当节点不局限在一个平面上运动，而是在三维空间运动时，拓扑结构也相应从平面向三维空间转换。

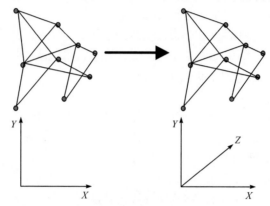

图 5-1　平面拓扑结构向三维拓扑结构演变

2. 拓扑结构连接动态性

对于常规网络而言，网络拓扑结构相对稳定，节点之间的连接强度趋于平均。随着拓扑结构的演变，拓扑结构连接也呈动态性，主要表现为节点之间的连接强度由平均向差异变化(图 5-2)。拓扑结构连接动态性在 Ad Hoc 网络中的表现极为突出，移动主机可以在网中随意移动。移动会使网络拓扑结构不断发生变化，而且变化的方式和速度都是不可预测的。主机的移动会导致主机之间的链路增加或消失，导致主机之间的关系不断发生变化，主机间的连接强度也会随时发生变化。

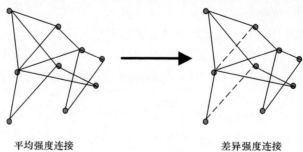

平均强度连接　　　　　　　　　　　差异强度连接

图 5-2　连接强度动态性

3. 拓扑结构的衰变性

当一个节点发生故障或者突然消失时,其他节点与之相连的强度会发生衰减,这就造成拓扑结构的衰变性。拓扑结构的衰变性又分为动态衰变和固定衰变(图 5-3)。动态衰变是指节点发生故障,包括从好到坏,直至不能使用的变化过程,那么与它相连的链路是逐渐衰减的。固定衰变是指节点突然消失,与其相连的链路也会突然消失。

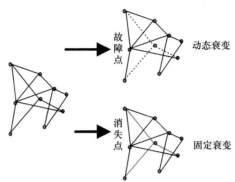

图 5-3　拓扑结构的衰变性

拓扑分类结构之间的转变关系如图 5-4 所示。

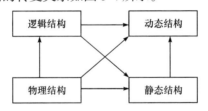

图 5-4　拓扑分类结构之间的转变关系

物理拓扑结构是逻辑拓扑结构的基础,静态拓扑结构是动态拓扑结构的基础。动态拓扑结构和静态拓扑结构可以通过逻辑结构与物理结构与之对应的关系而相互转换。由于逻辑结构数量可控而物理结构数量不可控,因此决定了逻辑拓扑结构是基于物理拓扑结构的。

5.1.2　动态拓扑结构实例

1. Ad Hoc 网络

随着人们通信需求的日益增长,以及通信技术的迅猛发展,无线通信自产生以来发展尤为迅速。随着通信行业的高速发展,针对特别环境,如军事、灾害等条件下的通信需求也越来越引起人们的关注，进而出现一种特殊的网络，即移动 Ad Hoc 网络。

最初的移动 Ad Hoc 网络主要用于军事领域，但随着通信技术的发展，对移动 Ad Hoc 网络的研究也越来越多，其应用也逐渐向民用与商用领域延伸。移动 Ad Hoc 网络是由一组带有无线收发装置的、具有多跳、移动，以及自律式的移动通信系统。其前身是分组无线网(packet radio network，PRNET)，美国 1972 年启动该项目，针对分组无线网在战场环境下数据通信的应用。随后该机构又启动对分组无线网项目成果的扩展，从而适应更大规模，快速变化环境的应用项目——高残存性自适应网络。由于移动 Ad Hoc 网络具有组网快速灵活、使用方便等特点，使其得到广泛关注，并成为移动通信技术发展非常重要的方向。

由于自组网可以广泛应用于诸多领域，因此具有非常重要的战略意义。在现阶段，移动 Ad Hoc 网络尚未达到完全实用，其大部分工作仍处于仿真实验阶段。Ad Hoc 网络具有无线传输、多跳路由、无中心，以及高度移动特性，使其中的问题变得复杂且难以实现。迄今，移动 Ad Hoc 网络仍然存在非常多棘手的问题。在移动 Ad Hoc 网络中，每个网络节点扮演两个角色——主机和路由器，节点作为主机，能运行应用程序；作为路由器，每个节点都具有数据转发能力，履行路由器的职责。节点间的通信经过多跳到达。Ad Hoc 网络中的节点具有高度的移动性，节点可以随时加入或退出网络，因此网络中的链路也会随节点的变化而变化，从而引起网络拓扑的时变特性。由于 Ad Hoc 网络的动态拓扑特性，适用于因特网的路由协议不再适用于 Ad Hoc 的网络，因此针对 Ad Hoc 网络路由协议的研究成为关键的问题之一。

当今，基于 Ad Hoc 网络的所有研究都由该网络的特点引起，互联网工程任务组的移动 Ad Hoc 网络工作组提出文档 RFC2501，指出 Ad Hoc 网络的一些特点。

① 动态拓扑结构。在 Ad Hoc 网络中，节点拥有随时改变的运动特性，包括节点运动速度、方向等的变化，再加上无线信道间的干扰和发送功率等的变化，使得 Ad Hoc 网络拓扑结构可能随时变化，因此需要特殊的路由协议来满足这种动态的网络。

② 节点能量限制。组成 Ad Hoc 网络的节点具有轻巧方便的特点，这些设备由电池提供节点能量，电池容量相对较小，而且可能会因为其应用环境导致节点能量有限，因此如何有效利用节点能量已经成为 Ad Hoc 网络研究的一个热点。

③ 网络无中心且自组织。Ad Hoc 网络中的所有节点地位几乎平等，节点可

以随时加入或离开网络，节点故障也不会对网络性能造成很大影响，网络的布设过程也不需要任何预设的设施，节点能够快速灵活自动地组成一个独立的网络。因此，相对于传统的无线网络，Ad Hoc 网络的另一大优势就是具有很强的抗毁性。

④ 安全性能较差。Ad Hoc 网络作为一种无线网络，从其使用无线信道、分布式控制，以及使用的能源来看来，主要面临的威胁由无线信道和网络的动态特性引起，无线信道容易引起干扰、窃听等，其节点又充当路由器的角色，不存在网络边界的概念，使得移动 Ad Hoc 网络的安全方面的问题变得复杂化。

⑤ 多跳。Ad Hoc 网络的节点发射功率和通信距离都受到诸多限制，节点的覆盖范围比较小，当需要进行通信的节点处于节点的覆盖范围外时，就需要中间节点作为桥梁连接两个通信节点，因此多跳也是研究 Ad Hoc 网络的基础。

2. Ad Hoc 网络的应用

移动 Ad Hoc 网络的诸多特点决定了该网络与传统通信网络的应用存在很大的不同。虽说 Ad Hoc 网络的研究中存在很多难点，但其独有的特点注定在某些特殊的环境下拥有较为广阔的应用前景。目前，移动 Ad Hoc 网络的运用主要在如下几个方面。

① 军事领域。军事领域是移动 Ad Hoc 运用最多的领域，不用架设网络设施，具有快速、灵活、网络鲁棒性好等特点，使其成为战争环境下数字通信的主要技术。目前，移动 Ad Hoc 网络技术已作为战术互联网的核心技术而被美军采用。

② 无线传感网。移动 Ad Hoc 网络技术的另一个重要的应用领域是无线传感器网络领域。在很多情况下，传感器网络只能使用无线通信技术，但是由于传感器节点的发送功率小，因此只能采取多跳的通信方式。处于不同位置的传感器根据需要组成移动 Ad Hoc 网络，可以实现保持传感器之间和传感器与控制中心之间的联系，从而完成各种各样的工作。

③ 移动会议。随着便携式个人终端和通信技术的发展，人们可以使用笔记本电脑等工具进行各种会议。参会节点通过移动 Ad Hoc 网络技术，可以避免在路由器、集线器等常用网络设备的预设，方便快捷地完成参会人员的交流。

④ 紧急情况和救灾抢险。随着科技的发展，人类对物质文化需求的激增，因人类活动引起的突发情况，以及自然灾害也越来越频繁。特别是，在地震、洪灾等自然灾害发生时，传统的通信网络更容易受到破坏，移动 Ad Hoc 网络能够通过快速组建临时网络，以最短的时间克服受灾地区通信中断困难，减少损失。

⑤ 个人通信和商用领域。移动 Ad Hoc 网络的另一个重要的应用领域是个人

局域网(personal area network，PAN)，通过将手机、笔记本电脑等个人设备进行连接通信，从而满足用户设备的需求，推动通信产业发展。

⑥ 作为接入方式。移动 Ad Hoc 网络还可与其他无线通信系统(如蜂窝移动通信系统等)进行结合，传统的无线通信系统可以通过移动节点的多跳转发能力扩大通信范围。

3. 移动 Ad Hoc 网络路由的研究现状

由于 Ad Hoc 网络的特点决定了其必有很大的应用前景，基于传统的路由技术与路由协议不能满足 Ad Hoc 网络的应用，因此越来越多的学者开始关注 Ad Hoc 网络路由技术的研究。目前，基于 Ad Hoc 网络的路由技术的研究主要集中在经典 Ad Hoc 网络路由协议的改进上，如 DSDV、ZRP、DSR、AODV 等，主要包括对 IETF 工作组提出的 Ad Hoc 网络路由协议草案和对 RFC 进行研究与具体实现，最终进行实验与网络应用。其主要从如下几个方面进行研究。

① 定位技术。由于现有的定位技术(如 GPS 等)已发展得比较完备，因此将定位技术与 Ad Hoc 网络的路由技术结合。通过节点位置信息，这样节点在寻路时就可以不用简单洪泛，不但可以避免 Ad Hoc 网络节点移动特性带来的路由算法设计的困难，而且能提高路由效率。典型的代表是基于 LAR 的研究。

② 节能策略。在 Ad Hoc 网络中，节点会因为电池能量耗尽而失效，而且还可能引起网络分割等。虽然电池能量储存技术有一定的提高，但还是不能满足需求，因此现在有很多研究者从事 Ad Hoc 网络节能路由的研究。

③ 安全路由技术。Ad Hoc 网络使用无线信道进行信息传输，使得 Ad Hoc 网络与固定网络相比较更容易遭到入侵和破坏，如路由破坏和资源消耗。路由破坏包括篡改和伪造等手段达到阻止路由建立、更改路由包传输方向，以及中断路由等。资源消耗类型的破坏主要通过恶意节点在网络中散布伪造路由信息，让网络节点做无用功而达到快速消耗节点能量的目的。

④ 多播路由技术。Ad Hoc 网络另一个非常重要的应用是节点以组的形式完成特定的工作，因此需要引入 Ad Hoc 网络组播路由技术，目前典型的组播路由协议有 MAODV 等。

⑤ QoS 路由技术。在当前的 Ad Hoc 网络中，可以从四个主要方面提供 QoS 路由，分别是 QoS 参数的选取、QoS 路由的计算、QoS 路由的维护，以及改造现有的路由算法。由于 Ad Hoc 网络的多种信息(位置、速度、节点带宽等)具有时变特性的，因此 Ad Hoc 网络 QoS 路由的选择要比传统网络更困难。具有代表性的 QoS 路由协议包括 CEDAR、TBP 等。

5.2　业务的自适应

5.2.1　业务的概念与定义

网络为用户提供的所有能力或功能都可以称为业务或网络业务。全球信息基础设施建议书对业务与应用从不同的角度作了定义。为了在一个价值链上向上走，客户角色会从供应角色处请求并激活业务。业务以角色之间发生的交易为特征。一般来说，客户角色将为它所需要的每一个价值项目请求服务，在电影院看电影就是购买服务的一个例子。在此，业务是在不同参与者扮演的角色之间提供的，同时业务是在一个契约的背景下提供的，必须具有充分的特征，以便契约能完成并得到验证。

网络业务可以区分为两个方面。其一是信息的透明传送，包括信号的传输、交换、选路、寻址、QoS 保证，以及信息传输中相关的其他处理，包括网络层面上的接入控制、流量控制、认证、加密与解密、信息的编码与解码、压缩等都是一些信息透明传送可能需要的功能。至于用户如何使用这种信息的传送能力，完全由用户决定，这相当于 ISDN 中与应用无关的承载业务。其二是基于信息传送的其他服务能力，涉及较高的协议层次，与具体应用相关，但不论涉及何种应用，就服务提供商而言，都是向用户提供的业务。

1. 业务属性

属性是属性描述技术中的一个重要术语。属性描述技术的目的是以结构化的简明方式来描述对象，并突出对象的一些重要方面。为了能识别具有可比性的对象，例如 ISDN 的承载业务，将从对象的总体概念中分离出一些突出的特征。这些突出的特征称为属性，每一个属性都独立于其他属性，因此任何一个属性值的改变都不会影响其他属性。为了描述一个特定的对象，需分配适当的属性值，分配具体属性值的一组属性就可以用来识别一个特定的对象。业务属性是用于描述业务的属性。

2. 业务的动态行为

业务动态行为是描述用户与网络之间在请求与使用服务过程中互动的全过程，包括从业务请求到业务完成过程中用户与网络之间要交换的全部信息、信息交换的全过程，以及上述过程中网络与用户实体所采取的动作。在 ITU-T 的规范中，这种动态行为的描述通常采用规范描述语言(specification and description language, SDL)和消息序列图(message sequence chart, MSC)进行表述，也可以采用 UML 等其他方式进行表述。

5.2.2　网络信息资源的业务

下一代网络(next generation network, NGN)业务具有如下特点。

① 多媒体化。NGN 中发展最快的特点将是多媒体特点，同时多媒体特点也是 NGN 最基本、最明显的特点。

② 开放性。NGN 网络具有标准的、开放的接口，为用户快速提供多样的定制业务。

③ 个性化。个性化业务的提供将给未来的运营商带来丰厚的利润。

④ 虚拟化。虚拟业务将是个人身份、联系方式，以至于住所都虚拟化。用户可以使用虚拟业务，实现在任何时候、任何地方的通信。

⑤ 智能化。NGN 的通信终端具有多样化、智能化的特点，网络业务和终端特性结合起来可以提供更加智能化的业务。

NGN 是业务和应用驱动的网络，可以为用户提供话音、数据、多媒体等丰富的业务和应用。NGN 网络提供的业务包括传输层、承载层、业务层三个方面，如图 5-5 所示。

① 传输层业务。传输层是网络的物理基础，主要提供网络物理安全保证，以及业务承载层节点之间的连接功能，可以直接提供 L1VPN 业务、带宽和电路批发业务、管道出租、设备出租、光纤基础设施和波长出租业务等。

② 承载层业务。承载层是基于分组的网络，提供分组寻址、统计复用及路由功能，为不同业务或用户提供所需的网络 QoS 保证和网络安全保证，可以提供宽带专线、ATM/FR 接入、L2VPN、L3VPN 等互联网接入和承载业务。

③ 业务层业务。业务层控制和管理网络业务为最终用户提供各种语音、数据、视频等多媒体业务和应用。可以说，业务层是 NGN 提供业务最丰富、最重要的层面。

从根本上讲，NGN 提供的业务与现有的各网络相比，从种类和特征上并没有很大的差异，最主要的区别在于 NGN 业务和网络相对分离导致的业务提供模式上的变化，从而带来商业模型的变化。在 NGN 业务环境下，业务和网络独立提供、独立发展，多种角色通过多种方式参与业务提供，NGN 业务市场份额不断扩大，价值链不断增长(图 5-5)。

5.2.3　网络业务的自适应性

随着当前网络应用规模的不断扩大、新兴业务不断涌现，传统的以 IP 为核心的网络结构僵化、核心功能单一，导致网络承载不堪重负，可控性和演变能力低

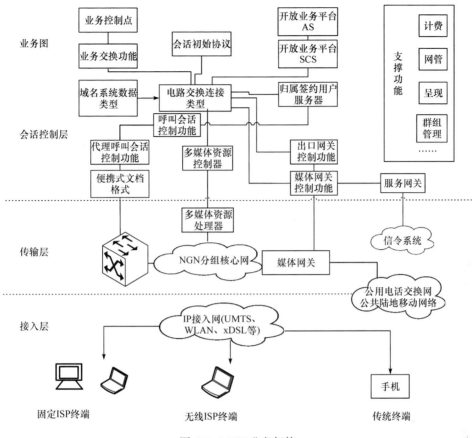

图 5-5　NGN 业务架构

下，难以灵活、有效地承载各类新兴、需求多变的网络业务，并且现有措施大多是对其进行修补或是简单扩展，并未从根本上满足泛在互联、融合异构、可信可管可扩等需求。

　　在下一代异构无线网络环境中，为满足在异构无线网络架构下采用不同切换方式的垂直切换请求，我们提出一种基于业务切换的垂直切换判决算法，并设计了一种基于业务切换的代价函数。通过数学分析和在通用移动通信系统(universal mobile telecommunications system, UMTS)/WLAN 融合的网络环境下对该方案的切换失败率的仿真分析，证明该方案在支持终端的移动性、保障用户业务请求满意度，以及缓解网络负载压力上相比传统基于代价函数的垂直切换判决算法更具优势。

5.2.4　垂直切换技术

　　在异构融合网络中，垂直切换是保证业务在移动过程中无缝平滑传输的关键技术，也是未来移动通信网络的关键技术。因此，为保证业务平滑传输，如何对垂直切换触发机制、切换决策机制，以及切换执行过程进行有效的设计，同时实现最小的切换信令开销、最少的切换次数及业务丢包率、最小的切换时延成为研究的热点。

1. 垂直切换概念

切换是指移动终端在与基站进行信息传输的过程中，当遇到因终端远离原基站或干扰增大而导致的无线链路质量下降的情况时，为保持业务不中断，而执行的将当前无线信道替换成另一条质量较好的无线信道的操作，即断开与旧基站的连接，建立与新基站连接的过程。

根据切换前后网络的类型，可以将切换分为垂直切换和水平切换。切换前后终端均接入同种制式的网络，则发生的是水平切换，反之是垂直切换。垂直切换是指移动终端因位置的移动从一种网络的覆盖区域移动到另一种网络的覆盖区域的过程中，为保证业务平滑不间断传输而从一种接入网络切换至另一种接入网络的过程，是在不同接入技术之间发生的切换。根据切换前后网络的覆盖范围又可以将垂直切换分为向上切换和向下切换，即终端从覆盖范围广的网络切换至覆盖范围窄的网络叫向下切换，反之则叫向上切换。

如图 5-6 所示，移动终端断开与 WLAN 接入点(access point, AP) 1 的连接、重新建立与 AP2 连接的过程就叫水平切换。终端断开与 AP2 的连接，建立与 UMTS 连接的过程就叫垂直切换。垂直切换前后接入网络的无线链路之间有明显的差异。此外，当移动终端由 WLAN 切换至 UMTS 时，属于向上切换，由 UMTS 切换至 WLAN 则是向下切换。

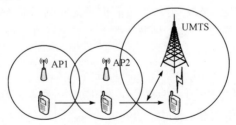

图 5-6　切换示意图

由于多种无线接入网络的共存，致使异构无线融合网络的复杂度大大提升，同时也使垂直切换具有更大的难度和复杂度。与水平切换相比，垂直切换除了切换前后终端所接入的网络技术的不同，还在切换对称性、切换判决因子、切换触发条件、切换控制方式、切换执行实现等方面有较大的差异。

2. 垂直切换控制方式

在异构融合网络中，垂直切换是由终端和网络侧共同协作完成，但是按照主控和协作方式来说，垂直切换的控制方式主要有终端控制切换(mobile control handover，MCHO)、网络控制切换(network control handover，NCHO)，以及终端辅助控制切换(mobile assisted handover，MAHO)等方式。

① 终端控制切换方式。在该种控制方式下,终端拥有绝对的垂直切换控制权,垂直切换所需的网络侧、用户侧动态信息均由终端自身收集并提供,可通过对网络接口进行监视的方式获取接收信号强度、带宽等参数,最后依据当前信息,以及自身需求来判断在何时切换至何种网络。

② 网络控制切换方式。该种方式是指完全由指定的网络侧实体来控制整个垂直切换过程,包括与切换相关的动态信息收集、切换触发判决、切换目标网络确定、切换执行。由于整个切换过程均由网络侧实体控制,因此网络侧实体必须通过信令交互的方式将切换决策等信息告知终端,以保证终端与网络侧良好配合,最终完成垂直切换。但是,网络侧实体比终端的计算能力强得多,因此对于比较复杂的垂直切换算法也可以在较短时间内执行完毕。此外,该种控制方式能更好地从网络核心侧出发,较好地解决由切换判决引起的网络负载变化问题,以做到网络间的负载均衡。

③ 终端辅助控制切换方式。终端辅助切换可以说是网络控制切换的一种演化,该方式主要由终端和网络共同控制实现垂直切换,网络核心侧要求移动节点测量周围端口的信号强度,以及其他网络 QoS 参数,并将这些信息报告给核心网络侧。然后,由网络核心侧来判断是否切换,以及切换到哪个网络接口,即终端负责测量与执行,网络负责判决。

上述三种垂直切换控制方式各有各的优势和缺陷,终端控制方式能充分根据终端侧的需求进行切换,但是这种切换控制方式不能从整个网络的核心侧接纳能力的角度考虑,容易致使局部网络的拥塞,同时不易实现各无线接入网络资源的负载均衡。终端辅助控制方式能更好地融合终端控制方式和网络控制方式的优点,但是在这种方式下,网络侧对终端的实时网络动态信息的获取也存在一定的不可靠性和高延迟性,并要求终端与网络侧有良好的配合环境,以实现成功的信令交互。随着终端处理能力的提高,基于终端控制的垂直切换策略的不断完善,终端控制的方式得到了广泛的使用,同时也吸引了大量的学者对其进行研究和改进。

3. 垂直切换过程

垂直切换包括网络发现、切换判决和切换执行三个阶段,如图 5-7 所示。

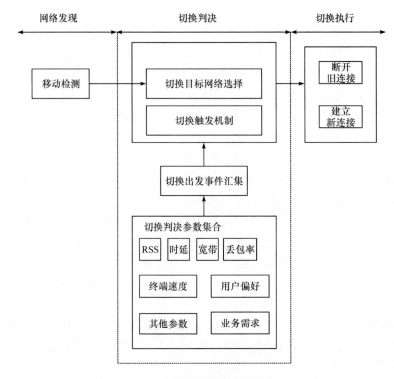

图 5-7　垂直切换过程

① 网络发现。评价当前覆盖网络的可用性并选择最佳目标接入网络，主要考虑网络性能、链路质量、终端移动模型、用户偏好，以及其他因素选择最优目标接入网络。

② 切换判决。确定何时触发何种切换，以及详细的切换策略。在单一网络中，通常使用接收信号强度作为切换触发因素，即当接收信号强度低于某一固定值或接收信号强度差值超过某一阈值，则发起切换。在异构无线融合网络中，切换触发因素有多种，如用户的喜好、接收信号强度、网络带宽等。总的来说，该阶段解决"在何时发起何种切换"的问题。

③ 切换执行。该阶段终端将建立与新接入网络的连接，同时释放与原接入网络的旧连接，将当前会话切换至新的网络接口，并建立路由路径，最终完成切换。该阶段需要通过数据链路层、网络层、传输层，以及应用层的协作才能顺利完成，目前各层均具有支持垂直切换的相关协议，如应用层的 SIP 协议、传输层的 mSCTP 协议、网络层的 MIPv4 及 MIPv6 协议、链路层的通用数据链路方案。

综上所述，切换判决阶段主要解决两类问题。

① 网络发现。该阶段主要是及时检测和发现当前区域所有可用的网络，并收

集终端或网络侧的实时状态信息，为切换判决阶段提供可靠的数据依据。

② 切换判决。该阶段主要是确定切换时刻，以及切换的目标网络，即选择最合适的切换触发时刻，经过相应的切换策略切换至满足当前业务需求的最优接入网络。异构融合网络的特征决定了垂直切换的触发不单由终端位置变化引起，业务的需求、用户的偏好等也能引起垂直切换。此外，切换目标网络的确定也是一个多属性决策问题，因此水平切换的策略完全不适用于垂直切换，要求从终端、用户、业务、网络等各方面进行考虑，根据这些因素进行决策。

综上所述，由于不同的接入技术在数据传输速率、带宽、时延、时延抖动，以及丢包率等性能参数上有很大的不同，用户的业务类型也有很大区别。因此，如何在切换判决阶段(切换触发及目标网络选择过程)根据用户业务的需求、当前网络的质量状况，以及其他各方面因素选择合适的切换时机及目标网络就成为整个垂直切换过程的关键问题。这也是优化垂直切换性能、提高用户业务体验的关键步骤。下面重点研究垂直切换的切换判决阶段，即基于业务的接入网络选择及切换问题。

5.2.5　基于业务的切换判决策略

传统的切换判决策略一般是以终端为基本单位，将终端从一种接入网络的连接切换至另一种接入网络的连接。也就是说，目前的切换判决策略通常基于通信连接本身，即在终端移动过程中，保证通信连接可以从一个网络接口转移到另一个网络接口，且保证该通信连接的连续性。若终端运行着多种业务，包括时延敏感型业务、时延不敏感型业务、带宽高要求型业务及其他业务，终端都将以统一的评价标准，综合评价所有业务的 QoS 需求，最终将所有业务转移到一个能满足总体 QoS 需求的通信连接上。通过这种方式选择的网络具有整体性能最优的特点，但是却不能保证单一业务流接入到最适合自身传输的网络中，从而获得最优的传输质量和最佳的网络资源利用率。

随着移动应用业务的快速发展，用户需求逐渐呈现出多样化及个性化的特征。上层业务的需求变得越来越高，仅靠单一网络根本无法满足未来移动通信中个性化和多样化业务的 QoS 需求，因此传统的以终端为基本切换单位综合考虑终端所有业务的 QoS 需求总和的方式不能给用户带来最佳的业务体验。因此，在异构无线网络融合的环境中，在用户多样化及个性化业务的需求下，为保障用户的最佳业务体验，在垂直切换过程中有必要将传统的以终端为基本单位的选网及切换转变成以业务为基本单位的选网及切换，以实现对各种无线接入资源的高效联合利用。

为了满足业务的 QoS 需求、实现用户最佳业务体验，以及充分利用各种接入网络资源，即将切换单位的粒度降低到用户具体的业务上，对终端的每个业务流进行独立地切换管理，保证每个业务都切换到合适的网络中。相比传统的切换判决策略，流切换机制具有更好的灵活性，更能做到充分利用重叠覆盖区域内的网络分集，提高终端的吞吐量和无线资源的联合利用率。如图 5-8 所示为给出的多模终端流切换控制模型。可以看出，流切换控制模型负责处理和完成单个业务流在两个网络接口间的切换。例如，多模终端上所有业务流初始情况下均通过网络接口 1(UMTS 网络)进行传输，当它进入 WLAN 的覆盖区域后，可以将一些带宽要求高、非实时性业务流转换到网络接口 2(WLAN 网络)上。每一个业务流可以选择使用最合适的网络接口。多接口管理模块主要负责完成对终端内多个无线网络接口的管理工作，包括接口的启动和停止。

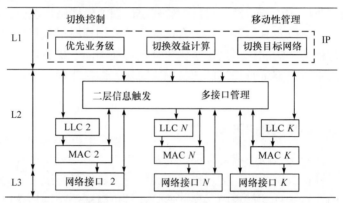

图 5-8   多模终端流切换控制模型

以业务为基本选网和切换单位的一个重要的问题是业务类型的划分，不同的业务对网络 QoS 的需求不一样。一般来说，可以借鉴 3GPP 对电信业务的分类标准，把电信网络中的业务分为会话类业务和流媒体业务。会话类业务对时延及丢包率有严格的要求，如语音业务；流媒体业务对时延及抖动的要求较为严格，允许存在一定的丢包，如视频业务。

5.2.6   基于业务的多接入网络选择算法

下面介绍基于业务的多接入网络选择算法(a multi-access network selection algorithm based on flow, FlowB-MNS)，以业务为网络选择的基本单位，通过如下三个步骤为业务确定一个最优接入网络集。第一，通过充分考虑业务的实际 QoS 需求，以及终端速度的影响，确定各决策因素的权重；第二，通过效用函数模型确定各接入网络的效用函数矩阵；第三，通过最优接入网络集确定过程与适合业务传输的最优接入网络组合。整个算法可以实现业务对多个异构无线网络的并行利用，有效地提高终端的吞吐量。

1. 算法总体设计

(1) 决策因素的选择

本着决策因素全面性的原则，综合考虑现有网络接入选择算法在决策因素选择上的缺陷，重点考虑动态决策因素，表 5-1 是用于网络选择的相关决策因素。

接收信号强度(RSS)反映用户所处环境下的链路质量，同时可以通过对 RSS 的检测判断出用户当前是否在某个网络的覆盖范围内。

带宽(BW)表示通信线路所能传送数据的能力，不同的业务对网络带宽的需求差异较大，普通的语音业务对带宽的需求一般是 4～64Kbit/s，交互式可视电话对网络带宽的需求一般是 16～384Kbit/s，标清的流媒体业务对带宽的需求是几百兆，为更好地适应各种业务流的传输，带宽是一个必不可少的网络选择决策因素。

表 5-1　决策因素

类别	决策因素
网络层面	接收信号强度(received signal strength, RSS)
	带宽(band width, BW)
	时延(delay, D)
	丢包率(packet loss rate, PLR)
终端层面	速度(velocity, V)
业务层面	QoS 需求

时延(D)是指 IP 数据包从业务服务器的产生到达终端所需要的传输时间，是直接影响业务连续性的关键因素。

丢包率(PLR)是指若干数据包以一定的时间间隔在网络中传输,被丢掉包所占的比例。造成丢包的原因主要有两个：第一，发生网络拥塞，核心网络侧处理数据包的速率落后于数据到达率；第二，无线链路质量差，如受到无线信号衰减、障碍物阻挡及噪声干扰等。

终端的移动是导致终端从一种网络的覆盖区域进入另外一种网络的覆盖区域的直接原因，现有的切换判决策略也充分考虑了这一点。但是，实际上由终端的移动速度引起的多径多普勒效应对接收信号强度和丢包率有直接的影响。

已有文献表明，多径衰落率(接收信号包络在单位时间里以正斜率通过中值电平的次数)与移动体的行进速度、行进方向、发射频率，以及多径传播的路径数目有关，并进一步验证速度越高，衰落越快，接收信号包络上升和下降就越陡峭。此外，其验证了终端的移动速度对带宽的影响微乎其微，可以直接忽略，同时也验证了在无线电波传播模型中随着终端速度的增加，接收信号的幅度衰减越来越剧烈，相位的变化也呈加快趋势。同时，接收信号衰减越剧烈，无线链路的质量就越差，丢包率就越高。

由以上分析可得，终端不同的移动速度对接收信号强度和丢包率的影响也不同，因此终端的不同速度也可能通过影响接收信号强度，以及丢包率的方式影响接入网络的选择。由于接入网络选择从业务对网络的 QoS 需求角度出发，因此在考虑业务对网络的 QoS 需求时，将同时考虑终端速度对接收信号强度及误码率的影响，即终端速度对网络 QoS 的影响。

(2) 算法框架

基于业务的多接入网络选择系统框架主要包括业务流需求分析模块、终端信息处理模块、网口数据处理模块，以及基于业务的多接入网络选择决策模块，如图 5-9 所示。业务流需求分析模块主要是对业务的 QoS 需求进行详细的分析，通过构建业务需求矩阵，最终得出业务的 QoS 需求权重。网口数据处理模块主要完成实时网络信息的平滑处理。通过这三个模块对基础数据进行收集和处理，然后由核心模块基于业务的多接入网络选择决策模块进行相应的判定和决策，最终将决策结果通知到网络接口。

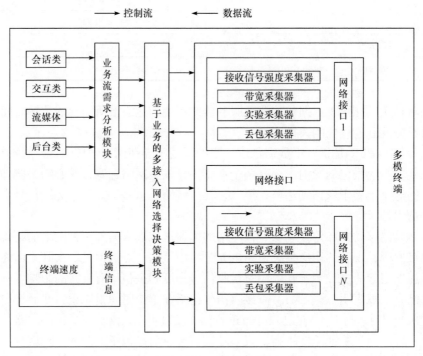

图 5-9　基于业务的多接入网络选择系统框架

① 业务 QoS 需求分析。

不同的业务类型对接入网络的 QoS 需求不一样,下面介绍各类业务对接入网络 QoS 的需求,并利用熵权法,得出业务对网络 QoS 因素的需求权重。

第一,业务需求分析。

对于会话类业务,随着互联网的发展和应用,网络语音通信及视频会话也相继出现,其主要特征是要求业务数据实时传输,同时具有较低的时延抖动,因此这是一类对端到端时延要求非常高的业务,通常低于 100ms。对于网络带宽而言,现有的网络带宽均能满足传统语音通信 64Kbit/s 的带宽需求,同时对于较高带宽需求的视频会话也能很好的满足。总之,会话类业务主要的 QoS 需求因素为时延和时延抖动。

对于交互类业务,该类业务是指用户与用户之间或者用户与智能终端之间进行的双向交互动作集,网页浏览、网上游戏、移动商务等是该类业务典型的应用,其主要特征是请求应答模式。这类业务对时延和时延抖动的要求相对较低,反而对丢包率的要求相对较高。

对于流媒体类业务,视频点播和网络实况广播都是典型的流媒体业务,与会话类业务相比,流媒体业务有更显著的特征,即单向传输,因此其对实时性的要求远低于会话类业务。同时,终端的流媒体数据缓存机制使得用户对时延抖动的容忍度得到了较大的提升。该类业务对丢包率的要求不高,少量的丢包不会造成视觉上的差异。重要的是,该类业务对网络带宽的要求均较高。

后台类业务的主要特征是没有传输时延限制,同时对时延抖动的要求也不高。相反,该类业务对数据的完整性和正确性有很高的要求,因此其对丢包率的要求很高。同时,该类业务具有突发性的特点,其对带宽也有相应的要求。下面对业务的 QoS 需求进行定量分析,确定不考虑终端速度影响的前提下业务的 QoS 需求权重。

第二,业务 QoS 需求权重确定。

构建业务 QoS 需求矩阵,定义业务对网络 QoS 的需求矩阵为

$$U(A, N, N) \tag{5-1}$$

其中,A 表示应用业务向量,包括会话类、交互类、流媒体类和后台类,分别用 β_1、β_2、β_3 和 β_4 表示,由此可得 $A=[\beta_1,\ \beta_2,\ \beta_3,\ \beta_4]$;$N$ 表示网络 QoS 属性因子向量,$N=[\mathrm{RSS},\ \mathrm{BW},\ D,\ \mathrm{PLR}]$。

由此可得,会话类、交互类、流媒体类和后台类的 QoS 需求矩阵分别表示为 $U(\beta_1,:,:)$、$U(\beta_2,:,:)$、$U(\beta_3,:,:)$ 和 $U(\beta_4,:,:)$。下面采用 1-9 标度法构造具体的业务 QoS 需求矩阵。

1-9 标度法是萨蒂提出的一种表示两两元素对于一个对象的相对重要程度的

数值表示方法，是一种将定性描述转化为定量表示的典型方法。如表 5-2 所示为 1-9 标度法详细转化规则。

表 5-2 1-9 标度法详细转化规则

标度值 B_{mn}	具体含义
1	网络 QoS 因素 m 与网络 QoS 因素 n 同等重要
3	网络 QoS 因素 m 比网络 QoS 因素 n 稍微重要
5	网络 QoS 因素 m 比网络 QoS 因素 n 明显重要
7	网络 QoS 因素 m 比网络 QoS 因素 n 强烈重要
9	网络 QoS 因素 m 比网络 QoS 因素 n 极端重要
2、4、6、8	网络 QoS 因素 m 相对于网络 QoS 因素 n 的重要性介于 1、3、5、7、9
$1/B_{mn}$	网络 QoS 因素 n 相对于网络 QoS 因素 m 的重要性

根据前面的分析，使用 1-9 标度法将业务需求的各个 QoS 因素按照其对业务传输的重要性进行两两比较，可得四类业务的 QoS 需求矩阵，即

$$\begin{cases} U(\beta_1,:,:) = \begin{matrix} \text{RSS} \\ \text{BW} \\ D \\ \text{PLR} \end{matrix} \begin{bmatrix} 1 & 5 & 1/6 & 3 \\ 1/5 & 1 & 1/9 & 1/4 \\ 6 & 9 & 1 & 8 \\ 1/3 & 4 & 1/8 & 1 \end{bmatrix} \\[20pt] U(\beta_2,:,:) = \begin{matrix} \text{RSS} \\ \text{BW} \\ D \\ \text{PLR} \end{matrix} \begin{bmatrix} 1 & 1/2 & 1/8 & 1/9 \\ 2 & 1 & 1/6 & 1/7 \\ 8 & 6 & 1 & 1/5 \\ 9 & 7 & 5 & 1 \end{bmatrix} \\[20pt] U(\beta_3,:,:) = \begin{matrix} \text{RSS} \\ \text{BW} \\ D \\ \text{PLR} \end{matrix} \begin{bmatrix} 1 & 1/5 & 5 & 3 \\ 5 & 1 & 9 & 7 \\ 1/5 & 1/9 & 1 & 8 \\ 1/3 & 1/7 & 1/8 & 1 \end{bmatrix} \\[20pt] U(\beta_4,:,:) = \begin{matrix} \text{RSS} \\ \text{BW} \\ D \\ \text{PLR} \end{matrix} \begin{bmatrix} 1 & 1/3 & 2 & 1/7 \\ 3 & 1 & 2 & 1/5 \\ 1/2 & 1/2 & 1 & 1/9 \\ 7 & 5 & 9 & 1 \end{bmatrix} \end{cases}$$

现有的接入网络选择算法对判决因素的权重确定通常采用如下三种方法，即算术平均法计算判决矩阵的权重向量、几何平均法计算判决矩阵的权重向量、特

征根法计算判决矩阵的权重向量。特征根法的计算精度最高，但使用的初始向量是任意挑选的，可能一次计算就能得到权重值，也可能需要多次才能得到权重值，因此该方法的平均效率不高，将其应用在网络选择中可能导致网络选择时延增加。这里使用效率更稳定、精度更高的熵权法计算业务 QoS 需求权重。

信息熵是由香农在具有开创意义的经典论文 *A mathematical Theory of Communication* 中阐述的。下面在业务 QoS 需求矩阵的基础上使用信息熵的理论计算业务对网络 QoS 因素的需求权重，计算过程如下。

首先，在业务 QoS 需求矩阵 U 的基础上，以行为基本单位，计算以网络 QoS 因素 i 为基准的相对于其他因素的重要程度比值。例如，P_{ij} 表示以 i 为基准，相对于 QoS 因素 j 的重要程度比值，即

$$P_{ij} = \frac{u_{ij}}{\sum_{j=0}^{m-1} u_{ij}} \tag{5-2}$$

其中，u_{ij} 为业务 QoS 需求矩阵中第 i 行、第 j 列的值；m 为网络 QoS 因素的总个数，这里取 4。

然后，计算网络 QoS 因素 i 的熵值 M_i，其意义为在众多的网络 QoS 因素中，业务对该网络 QoS 因素的不重视度量值，$1 - M_i$ 表示该网络 QoS 因素对业务的重要性度量值，即

$$M_i = -k \sum_{j=0}^{m-1} p_{ij} - \ln p_{ij} \tag{5-3}$$

其中，$i = 0, 1, 2, 3$；$k = 1/\ln(m-1)$；当 $p_{ij} = 0$ 或 $p_{ij} = 1$ 时，$p_{ij} - \ln p_{ij} = 0$。

最后，计算网络 QoS 因素 i 的熵权，即业务对网络 QoS 因素 i 的需求权重 W_i，即

$$W_i = \frac{1 - M_i}{\sum_{i=0}^{m-1} (1 - M_i)} \tag{5-4}$$

综上所述，以 $U(\beta_1,:,:)$、$U(\beta_2,:,:)$、$U(\beta_3,:,:)$ 和 $U(\beta_4,:,:)$ 为基础，可得各类业务对网络 QoS 需求的权重向量 $W_{\beta_n} = [W_{RSS},\ W_{BW},\ W_D,\ W_{PLR}]$，其中 β_n，$n=1$，2，3，4 分别表示会话类、交互类、流媒体类和后台类业务。

② 终端速度信息处理。

该模块主要完成终端速度信息的处理，最终得出能反映终端当前运动状态的速度因子。为了后续能充分考虑速度对无线接收信号强度及丢包率的影响，在此定义表示终端的移动强度的速度因子 α，即

$$a = \begin{cases} 1, & v_0 \\ 1+\eta^k, & v_1 \\ 1+\eta^k+\eta^{k-1}, & v_2 \\ 1+\eta^k+\eta^{k-1}+\eta^{k-2}, & v_3 \\ \quad\cdots \\ 1+\eta^k+\eta^{k-1}+\eta^{k-2}+\ldots+\eta, & v_k \end{cases} \tag{5-5}$$

各参数具体说明如下。

① $v_0,v_1,\cdots,v_k$ 表示终端的速率等级。规定 v_0 的取值范围为 0~10km/h。如果终端速率高于 10km/h，则假设 v_h 为节点的最高运动速度，其上限值为 500km/h，则速率等级的取值范围依次定义为以 10 为初值，以 $(v_h-10)/k$ 为步长的各个左闭右开区间。节点运动速度等级 v_G 为

$$v_G = \left\{ v_i \mid i=1,2,\cdots,k, v_i \in \left[10+(i-1)\frac{v_h-10}{k}, 10+i\frac{v_h-10}{k} \right] \right\} \tag{5-6}$$

② k 为变量，η 可取 0~1 的任意值，取值参照文献。终端移动的速度对接收信号强度，以及丢包率的影响较大，对带宽、时延的影响相对较小，几乎可以忽略不计。在此将速度对网络 QoS 因素的影响转换为在接入网络选择过程中业务对网络 QoS 的需求增益。通过这种转换可得出仅考虑终端速度的情况下，业务对各网络 QoS 因素的需求权重向量为 $W_{V_1}=[1+a,1,1,1+a]$，将 W_{V_1} 归一化，在仅考虑终端速度的情况下，得到业务对网络 QoS 因素的最终需求权重向量 W_V，即

$$W_V = \left[\frac{1+a}{2a+4}, \frac{1}{2a+4}, \frac{1}{2a+4}, \frac{1+a}{2a+4} \right] \tag{5-7}$$

(3) 网口数据处理

网口数据处理模块包含终端的所有网络接口，主要是收集、测量接入网络的性能参数，经过相应处理后把信息提交至基于业务的多接入网络选择决策模块。假设终端具有 N 个无线网络接口，则网卡集表示为 $n=\{1,2,\cdots,N-1,N\}$。

每个网络接口包括接收信号强度采集器、带宽采集器、时延采集器、丢包率采集器。由于无线信道的不稳定性及无线环境的复杂性，采集到的数据极有可能存在因信道质量突变引起的离散极值。这些极值的出现将影响接入网络的选择决策过程。因此，为了避免乒乓效应，确保接入网络选择的有效性，此处使用单平滑参数二次指数平滑方法。单平滑参数的二次指数平滑法为

$$\begin{cases} -x^{(2)}(k-T_x) = \lambda x^{(1)}(k-T_x)+(1-\lambda)x^{(2)}((k-1)-T_x), & k>0 \\ -x^{(1)}(k-T_x) = \lambda x(k-T_x)+(1-\lambda)x^{(1)}((k-1)-T_x), & k<0 \\ -x^{(2)}(0) = x^{(1)}(0) = x(0), & k=0 \end{cases} \tag{5-8}$$

其中，$x(k-T_x)$ 表示采集器在 $k-T_x$ 时刻的测量值；$x^{(1)}(k-T_x)$ 表示一次指数平滑计算后的值；$x^{(2)}(k-T_x)$ 表示二次指数平滑计算后的值；λ 是平滑因子，取值 0.5。

由此可得，在时刻 t，无线网络接口 $i=(i\in[1,N])$ 采集到的接收信号强度、带宽、时延，以及丢包率经过二次平滑处理分别表示为 $\mathrm{RSS}_i^{(2)}(t)$、$\mathrm{BW}_i^{(2)}(t)$、$D_i^{(2)}(t)$，以及 $\mathrm{PLR}_i^{(2)}(t)$。

2. 算法思想

(1) 网络选择决策因素权重确定

这里采取组合权重方法来确定接入网络选择过程中决策因素的最终权重向量。该方法在必须从多个角度考虑网络 QoS 因素权重的情况下比简单的权重向量累加法具有更好的均衡作用，能最优的从各个角度出发综合考虑计算出合成权重向量，最终使合成权重向量均最贴近从不同角度考虑的原始权重向量。

从两个角度考虑网络 QoS 因素的权重：第一，业务对网络 QoS 因素的需求权重 W_{β_n}；第二，终端移动速度对网络 QoS 的影响权重 W_V。假设接入网络选择的各网络 QoS 因素的合成权重向量为 W，即

$$W=[W_{\mathrm{RSS}},W_{\mathrm{BW}},W_D,W_{\mathrm{PLR}}] \tag{5-9}$$

利用式(5-10)可得出各网络 QoS 属性因子的权重值，即

$$w_i=\frac{\left(\prod_{x=1}^{2}W_{xi}\right)^{1/2}}{\sum_{i=1}^{4}\left(\prod_{x=1}^{2}W_{xi}\right)^{1/2}},\quad i=\{\mathrm{RSS,BW},D,\mathrm{PLR}\} \tag{5-10}$$

其中，W_{xi} 表示原始向量 W_{β_n} 和 W_V 第 i 个元素，$x=1$ 时，代表 W_{β_n}；$x=2$ 时，代表 W_V。

将向量 W_{β_n} 和 W_V 代入式(5-10)，便可求出合成权重向量，即

$$
\begin{aligned}
W&=\left[W_{\mathrm{RSS}},W_{\mathrm{BW}},W_D,W_{\mathrm{PLR}}\right]\\
&=\left[\frac{\left(W_{\mathrm{RSS}}\times\dfrac{1+a}{2a+4}\right)^{\frac{1}{2}}}{\sum_{i=1}^{4}\left(W_{\beta_ni}\times W_{Vi}\right)^{\frac{1}{2}}},\frac{\left(W_{\mathrm{BW}}\times\dfrac{1}{2a+4}\right)^{\frac{1}{2}}}{\sum_{i=1}^{4}\left(W_{\beta_ni}\times W_{Vi}\right)^{\frac{1}{2}}},\right.\\
&\qquad\left.\frac{\left(W_D\times\dfrac{1}{2a+4}\right)^{\frac{1}{2}}}{\sum_{i=1}^{4}\left(W_{\beta_ni}\times W_{Vi}\right)^{\frac{1}{2}}},\frac{\left(W_{\mathrm{PLR}}\times\dfrac{1+a}{2a+4}\right)^{\frac{1}{2}}}{\sum_{i=1}^{4}\left(W_{\beta_ni}\times W_{Vi}\right)^{\frac{1}{2}}}\right]
\end{aligned}
\tag{5-11}
$$

(2) 效用函数模型

效用函数模型可以定义网络效用值,即

$$U_{\mathrm{Net}_k} = \sum_{i=1}^{m} W_i R_i \tag{5-12}$$

其中,W_i 表示用户对 QoS 参数 R_i 的需求权重;R_i 表示该参数的归一化值。

在网络 QoS 参数中,RSS 及 BW 值越大表示 QoS 越好,D 和 PLR 的值越小表示 QoS 越好,因此对效益函数模型稍作改进,将网络效用函数值分为正增益值和负增益值,分别用 $U_{\mathrm{Net}_k}^+$ 和 $U_{\mathrm{Net}_k}^-$ 表示。依据网络参数值和权重值进行计算,即

$$\begin{cases} -U_{\mathrm{Net}_k}^+ = w_{\mathrm{RSS}} \mathrm{RSS}_k^{(2)}(t) + w_{\mathrm{BW}} \mathrm{BW}_k^{(2)}(t) \\ -U_{\mathrm{Net}_k}^- = w_D D_k^{(2)}(t) + w_{\mathrm{PLR}} \mathrm{PLR}_k^{(2)}(t) \end{cases} \tag{5-13}$$

由此可得,在有 K 个无线接入网络覆盖的环境下,其各接入网络的效用函数矩阵可表示为 U,即

$$U = \begin{cases} -U^+ \\ -U^- \end{cases} \begin{bmatrix} U_{\mathrm{Net}_1}^+ & U_{\mathrm{Net}_2}^+ & \cdots & U_{\mathrm{Net}_{K-1}}^+ & U_{\mathrm{Net}_K}^+ \\ U_{\mathrm{Net}_1}^- & U_{\mathrm{Net}_2}^- & \cdots & U_{\mathrm{Net}_{K-1}}^- & U_{\mathrm{Net}_K}^- \end{bmatrix} \tag{5-14}$$

(3) 基于业务的多接入网络选择算法

基于业务的多接入网络选择算法是为每个业务确定一个最优接入网络集。该过程包含两个步骤,即网络初步筛选、确定最优接入网络集。第一步筛选过滤不满足业务基本需求的网络。第二步通过遍历各可用网络组合的方式,找出效益值最高的接入网络组合,使业务流能同时接入该集合中的多个接入网络,在保证终端吞吐量和业务传输质量的同时,达到终端吞吐量最大及网络资源利用率最大的目的。确定最优接入网络集包含如下两个步骤。

① 网络初步筛选。依据业务的基本需求对所有的覆盖网络进行初步筛选,对任一覆盖网络 i,筛选条件为

$$a1 : \mathrm{RSS}_i > \mathrm{RSS}_{\mathrm{th}}$$

$$a2 : \mathrm{BW}_i > R_{\min}$$

$$a3 : \mathrm{if}\left(\text{Network } i \text{ is WLAN and } V > \frac{20\mathrm{km}}{h} \right)$$

$$\text{Network } i \text{ is selecte} \tag{5-15}$$

其中,$\mathrm{RSS}_{\mathrm{th}}$ 为不同网络接收信号阈值;$R_{\min}$ 为业务最小传输速率需求。

② 确定最优接入网络集。定义 T 为各种接入网络组合选择情况下的总效益矩阵,其中一种网络组合选择方案的总效益矩阵为 T_n,即

$$T_n = UM_n^{\mathrm{T}}, \quad n = [1, tx] \tag{5-16}$$

其中，T_n 为 2×1 的矩阵；M 表示多接入网络选择结果向量，一种可能的选择可以表示为 $M_n = [m_1, m_2, \cdots, m_{K-1}, m_K]$，$m_x = 1$，或者 $m_x = 0, x \in [1, K]$，当 $m_x = 1$ 时，表示第 x 个接入网络被选择，业务将接入该网络；当 $m_x = 0$ 时，表示第 x 个接入网络不被选择，业务将不会接入该网络；tx 表示网络组合选择方式总数。

经过初步筛选，将不符合业务传输需求的网络过滤，即在多接入网络选择结果向量 M 中该网络固定取值零，表示该网络不被选择。假设经过初步筛选不满足需求的网络的个数为 j，即 M 中零的个数为 j，则 tx 为

$$tx = \sum_{i=i}^{K-j} C_{K-i}^i \tag{5-17}$$

其中，K 为当前覆盖的网络总数。

最优接入网络集 M_i 为 K_n 取得最大值时的 M_n，K_n 为

$$K_n = T_{n11} / T_{n21} \tag{5-18}$$

其中，T_{n11} 表示第 n 种网络选择组合情况下，总效益矩阵 T_n 的第一行第一列元素值；T_{n21} 表示第 n 种网络选择组合情况下，总效益矩阵 T_n 的第二行第一列元素值。

综上所述，最优接入网络集为

$$a1: T_n = UM_n^{\mathrm{T}}$$
$$a2: K_n = T_{n11} / T_{n21} \tag{5-19}$$
$$a3: M_i = M_n, \quad \max(K_n)$$

即接入网络集为 $M_i = [m_1, m_2, \cdots, m_{K-1}, m_K]$ 时，确定的接入网络集为当前速度下基于业务的最优接入网络集，能保证业务接入速率最高、时延最低、负载较小的单个或者多个网络。基于业务的多接入网络选择算法流程如图 5-10 所示。

由图 5-10 可知，基于业务的多接入网络选择算法主要有三个过程。

① 求取考虑终端速度影响情况下的业务 QoS 需求综合权重 W。

② 计算网络效用函数值。

③ 执行网络的初步筛选，通过最优接入网络集过程确定满足业务 QoS 需求的最优接入网络集 M_i。

将业务接入最优接入网络集中的网络，不仅能满足业务的 QoS 需求，还能在实现终端聚合吞吐量最大化的同时提高各种网络资源的利用率。就理论而言，无论从业务、终端，还是网络的角度，算法均能实现较优的性能。

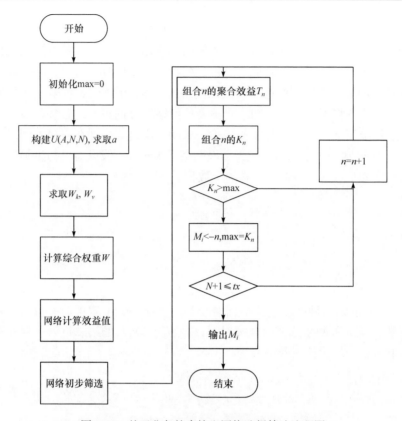

图 5-10　基于业务的多接入网络选择算法流程图

参 考 文 献

陶洋, 2012. 多网络接口设备的数据并发传输方法. 中国: 201010210384.1.

陶洋, 2014. 网络系统特性研究和分析. 北京: 国防工业出版社.

陶洋, 黄宏程. 2011. 信息网络组织与体系结构. 北京: 清华大学出版社.

唐余亮, 2009. 异构无线网络的移动性管理关键技术研究. 厦门: 厦门大学博士学位论文.

第6章 业务融合

6.1 概　述

　　无线融合网络的多种属性构成了多维网络。多维网络属于动态虚拟网络，涉及通信介质、网络环境、网络结构、通信协议，以及不同技术的网络设备和不同逻辑的业务环境等。多维网络中不同功能的应用需要不同性质的协议支持。多维网络的接入方式包括 WIFI、WIMAX，以及 Ad Hoc 等多种无线网络接入。为使用户可以通过这些网络获得各种丰富多彩的个性化服务，需要不同结构的网络协同，从而满足用户的应用需求。尤其是，用户使用多个终端时，应满足无需手动控制就可以完成异构网络之间的业务切换。因此，要想改善业务的 QoS，使得多维网络下的自组织性和自适应性得到实现，就必须实现业务融合。

　　业务融合是指用户在多维网络环境下，使用业务的过程中，由于网络状态的改变，网络的接入方式与核心网络可能会被用户交叉连接，这时依然能够保证业务连续。业务融合能够使用户获得更加方便的服务，也能综合利用网络资源和用户状态等。同时，集成现有资源的能力是业务融合所必需的，用户希望将业务打包，只需要一个统一的界面，就能体验到多种不同的业务。为此，针对多维网络下的控制与业务执行控制需求，为保证业务融合的稳定性和持久性，可以采用移动性管理研究的相关技术来减小移动过程的切换时延，让用户感觉不到掉线；同时采用异构无线网络中的资源管理来减少业务的传输时延，实现业务的融合。

6.2　基于优先级的切换判决及分组调度策略

　　针对多维网络下的多业务切换场景，对业务的切换申请进行分析，设计了一种基于优先级的切换申请及分组调度算法。算法以业务所在的网络状况和切换申请的生存时延作为优先级的判决指标，可以有效地避免网络拥塞和切换失败带来的用户体验下降的情况。在切换执行之后，对网络中的业务分组进行分类调度处理，可以降低业务分组的传输时延和丢包率，提高业务的稳定性和持续性。

6.2.1 引言

在多维网络环境下,多模终端在移动的过程中所处的网络环境随时发生变化,信号强度及可用带宽等一系列影响业务服务质量的因素也在发生变化。在这种情况下,多模终端通过水平、垂直切换使自身始终处于服务质量最优的网络中,力求避免因移动带来的服务中断等问题。但是,在用户相对密集的环境中,如商贸大厦、车站等城市热点区域,大量的多模终端通过切换,选择到同一个最优网络中,这时如果网络侧同时允许所有终端的切换申请,将导致网络中突发的数据流量增大,从而引起最优网络出现拥塞,影响业务的传输。与此同时,由于最优网络拥塞,多模终端可能多次迭代进行切换选网,用户的等待时长将大大增加,丢包率增大、吞吐量变差,网络的整体性能也会严重降低,用户的业务体验也随之降低。此时,在网络侧如何对终端侧提出的切换申请进行评判及信道资源分配将成为关键,一个合理有效的切换判决和分组调度策略才能保障网络 QoS 值的最大化和终端用户体验最佳,以及提升业务的稳定性和持续性。

6.2.2 调度模型

当用户终端发出切换申请请求入网时,向目标网络发出切换申请数据包。切换申请数据包包括业务类型和带宽需求等信息。网络侧切换申请缓存器接收切换申请数据包时,根据 QoS 模块监测到的信息,对切换申请的优先级进行判决,按照优先级进行切换;在分组调度管理中,对业务分类进行简化,根据业务的时延要求将业务分为实时业务和非实时业务,在切换申请判决和分组调度时考虑业务的时延特性和不同业务获得服务的公平性。切换调度策略原理如图 6-1 所示。

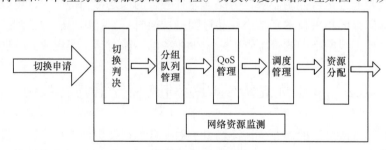

图 6-1 切换调度策略原理图

该调度模型主要包括网络资源监测模块、切换判决模块、QoS 管理模块、调度管理模块等。网络监测模块主要对业务接入、网络状态进行检测。切换判决模块主要用于切换申请的判决,并根据网络监测模块提供的当前网络状态和业务情况信息,对切换申请进行优先级排序,按照优先级进行切换判决。调度模块的主要功能是对网络中运行业务的数据包进行调度转发。QoS 管理模块主要实现的功能是对业务类型进行分类，将网络中的数据流分成实时业务流、非实时业务流。资源分配模块主要辅助调度管理模块进行业务的分组调度。

6.2.3 基于优先级的切换判决策略

网络侧对于终端提出的切换申请多采用先到先服务的方式。但是，当多个终端用户提出切换申请(或新业务入网请求)的时间相同或近似一致时，可能导致切换申请冲突，造成切换失败，使切换时间增加。为避免该问题，可以采用对切换申请判决的方式进行改善，但是大多对切换申请的业务需求考虑，并未考虑切换失败对终端用户的影响。针对该问题，可以在熵值模糊分析算法(entropy method-fuzzy analytic, EM-FA)的基础上进行改进，设置一种基于优先级的切换判决机制，即新的熵值模糊分析(new entropy method-fuzzy analytic, NEM-FA)。终端通过 EM-FA 算法选择合适的网络作为目标网络，并向目标网络提出切换申请。网络侧对终端侧提出的切换申请进行优先级判决。该算法流程如图 6-2 所示。

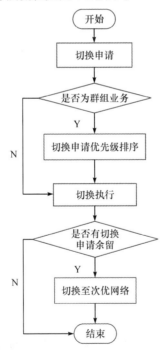

图 6-2 基于优先级的切换判决算法流程图

移动终端向网络侧提出切换申请后，网络侧需要对终端用户的切换申请进行判决，该部分在切换判决模块中进行处理。

　　在进行切换判决时，网络侧首先判断该切换申请是否属于群组业务。当网络侧判定提出切换申请的业务不属于群组业务时，则采用先到先服务的判决方式进行切换执行。当业务属于群组业务时，对切换申请进行优先级判定。

　　动态优先级是指终端侧在提出切换申请时，不同用户终端所处的网络环境及发出切换申请的时间不尽相同。为保证终端侧的良好用户体验，需要在切换申请的生存时间内对申请做出响应(允许切换或者拒绝切换)。因此，可以通过对切换申请生存时间及其当前所处的网络环境进行切换申请优先级的判决，即

$$F_{i,j}(t) = \alpha f_F(i,j,t) + \beta f_D(i,j,t) \tag{6-1}$$

其中，$\alpha + \beta = 1$，$\alpha = \beta = 0.5$。

1. 网络状况效用函数

　　求取网络参数权重，可以求得终端业务当前运行的网络效用值 F_N 和目标网络效用值 F_{target}。F_N 值表明终端业务所在当前网络服务质量的恶劣程度，那么终端业务所处的网络变差的恶劣程度可以用 $F = \dfrac{F_{\text{target}} - F_N}{F_{\text{target}}}$ 表示。因此，F 值越大，代表此时业务切换的迫切性越强。

　　由此得到的网络状况效用函数为

$$f_F(i,j,t) = \frac{F_{\text{target}}(i,j,t) - F_N(i,j,t)}{F_{\text{target}}(i,j,t)} \tag{6-2}$$

2. 切换申请的生存时间效用函数

　　设 t_a 表示终端侧发出切换申请的时间，l 表示该申请的生存时延，那么在 $t_a + l$ 之前，该切换申请必须被处理。

　　现有的基于优先级的切换算法，通常按照优先级的高低提供服务。这样一方面，可以提高网络利用率，保证在资源有限的情形下避免网络拥塞；另一方面，在此类调度算法中，低优先级的业务容易被"饿死"，不能在生存时间内得到服务而被丢弃。当业务的切换申请被网络侧拒绝后，将严重影响业务的运行质量。设置切换判决最终时刻，设定 $D = \dfrac{2}{3}l$ 为切换申请的最大等待时间，在超过等待时间，切换申请未被执行时，终端侧立即选用候选网络中效用值第二大的网络作为目标网络进行切换，并且由于此时切换申请的生存时延较小，可以将其切换优先级调整到最高，作为紧急业务进行处理。切换申请的剩余时间越小，其切换申请的优先级越高，这样可以减少切换业务的等待时间。因此，切换生存时间效用函数可以表示为

$$f_D(i,j,t) = \frac{t}{t_{a,i,j} + D_{i,j}} = \frac{t}{t_{a,i,j} + \frac{2}{3}l_{i,j}} = \frac{3t}{3t_{a,i,j} + 2l_{i,j}} \tag{6-3}$$

综合考虑以上两个因素，切换申请的优先级判决函数可以表示为

$$f_{i,j}(t) = \alpha f_F(i,j,t) + \beta f_D(i,j,t) = 0.5 \frac{F_{target}(i,j,t) - F_N(i,j,t)}{F_{target}(i,j,t)} + 0.5 \frac{3t}{3t_{a,i,j} + 2l_{i,j}} \tag{6-4}$$

6.2.4　基于优先级的分组调度策略

1. 分组队列管理

网络侧同意终端侧的切换申请后，切换业务与网络中现有的业务共同使用网络资源。为保障切换资源分配的公平性，采用一种合理的业务分组调度和资源分配算法十分重要。这是因为好的调度算法可以改善网络的利用率，如提升吞吐量、提高带宽的使用率、减少网络中业务传输的时延等。因此，在现有研究的基础上，可以采用一种基于业务分组优先级的队列管理办法，对网络中运行业务的数据包调度转发及资源分配进行管理。

业务分组队列管理通过业务分类模块和计量模块两大功能模块来实现。计量模块为管理策略提供相应的计量参数，如队列长度、更新时间，以及出入队速率等。

(1) 入队速率估计

当业务分组到达缓冲区时，缓冲区首先判断此时缓冲区的队列长度，即

$$\begin{cases} q(t) < q_{max}, & \text{同意分组入队} \\ q(t) > q_{max}, & \text{拒绝分组入队} \end{cases} \tag{6-5}$$

其中，$q(t)$ 表示此时的缓冲区的队列长度；q_{max} 表示队列长度的上限值。

在决策时间 t 时，当 $q(t)$ 大于 q_{max} 时，直接拒绝该业务分组。当一个决策时间 T 结束后，$q(t)$ 将及时更新。

通过指数平滑思想，对实时入队速率进行估计。当新的业务分组进入网络侧分组转发缓冲区时，此时队列的入队速率为

$$q_{in}(t) = (1 - e^{-\Delta t/k}) / \Delta t + e^{-\Delta t/k} q_{in}(t_p) \tag{6-6}$$

其中，$q_{in}(t)$ 表示业务分组队列的入队速率；Δt 表示更新时间；k 表示调节常数；$q_{in}(t_p)$ 表示上一次的入队速率估计值。

(2) 判决时间更新机制

当出队速率大于入队速率时，在网络侧的缓存空间内，业务分组的队列长度将会减少，业务分组控制处于相对稳定的状态；反之，在网络侧的缓存空间溢出。

缓冲区的队列长度在入队、出队速率发生变化时，需要进行相应的调整。判决更新时间用 Δt 表示，即

$$\Delta t = t\mathrm{e}^{-\alpha|q_{\mathrm{in}}(t)-q_{\mathrm{out}}(t)|} \tag{6-7}$$

其中，α 表示更新时间的调整系数；$q_{\mathrm{in}}(t)$ 与 $q_{\mathrm{out}}(t)$ 分别表示队列入队和出队速率的估计值，业务分组丢弃概率的更新需要满足下式，即

$$t - t_p > \Delta t \tag{6-8}$$

式中，t 表示系统当前时间；t_p 表示上次队列的更新时间，当不满足上述公式时，业务分组的丢弃概率不变。

(3) 出队速率估计

当网络侧切换判决区内的业务分组被执行时，业务分组队列的出队速率为

$$q_{\mathrm{out}}(t) = (1 - \mathrm{e}^{-\Delta t/k}) / \Delta t + \mathrm{e}^{-\Delta t/k} q_{\mathrm{out}}(t_p) \tag{6-9}$$

其中，$q_{\mathrm{out}}(t)$ 表示业务分组队列的出队速率；Δt 表示更新时间；k 表示调节常数；$q_{\mathrm{out}}(t_p)$ 表示上一次出队速率的估计值。

2. 分组优先级管理

当网络中同时运行切换业务及现有业务时，为保障业务的服务质量，需要对网络中的业务分组进行优先级排序。

根据动态优先级定义，终端侧在网络中发出业务分组时，终端所处的网络环境及发出业务分组的时间不尽相同，为保证终端侧的良好用户体验，需要在业务分组的生存时间内对分组做出响应(传递或丢弃)。与此同时，不同业务发出的业务分组对于时延、丢包率的要求也不一样，因此从以上两个方面设置业务分组的优先级，即

$$f_{i,j}(t) = \theta_1 f_d(i,j,t) + \theta_2 f_p(i,j,t) \tag{6-10}$$

其中，$\theta_1 + \theta_2 = 1$。

(1) 时延效用函数

在现有的基于优先级的调度算法中，按照优先级的高低进行分组调度，这样可以提高网络利用率，避免在资源有限的情形下产生网络拥塞现象。但是，在此类调度算法中低优先级的分组服务质量得不到保障。因此，设置时延效用函数，作为优先级判断因子之一，即

$$f_d(i,j,t) = \frac{D_{i,j} - T(i,j,t)}{D_{i,j}} \tag{6-11}$$

其中，$T(i,j,t)$ 代表终端 i 的 j 类业务分组的生存时间的最大值。

若 $q_{in}(i,j,t)$ 与 $q_{out}(i,j,t)$ 分别表示终端 i 的 j 类业务分组的入队和出队速率，则

$$T(i,j,t) = \frac{q_{max}}{\dfrac{q_{in}(i,j,t)+q_{out}(i,j,t)}{2}} = \frac{2q_{max}}{q_{in}(i,j,t)+q_{out}(i,j,t)} \tag{6-12}$$

关于时延的效用函数值可以表示为

$$f_d(i,j,t) = \frac{D_{i,j} - \dfrac{2q_{max}}{q_{in}(i,j,t)+q_{out}(i,j,t)}}{D_{i,j}} = 1 - \frac{2q_{max}}{D_{i,j}\left[q_{in}(i,j,t)+q_{out}(i,j,t)\right]} \tag{6-13}$$

(2) 丢包率效用函数

在进行业务分组判决时，为保证业务切换到网络中数据的完整性，需要对丢包率进行分析。设置的丢包率效用函数为

$$f_p(i,j,t) = \frac{l_{i,j} - l(i,j,t)}{l_{i,j}} \tag{6-14}$$

其中，$l_{i,j}$ 代表终端 i 的 j 类业务分组可容忍的丢包率的最大值；$l(i,j,t)$ 表示 t 时刻终端 i 的 j 类业务分组当前的丢包率。

综合考虑以上两个因素，得到的业务分组优先级函数为

$$\begin{aligned} f_{i,j}(t) &= \theta_1 f_d(i,j,t) + \theta_2 f_p(i,j,t) \\ &= \theta_1 \left\{ 1 - \frac{2q_{max}}{D_{i,j}\left[q_{in}(i,j,t)+q_{out}(i,j,t)\right]} \right\} + \theta_2 \frac{l_{i,j} - l(i,j,t)}{l_{i,j}} \end{aligned} \tag{6-15}$$

业务在不同的网络中运行时，由于不同网络的特性，各网络的传输能力不同，通过对调度策略进行调整，可以更好地辅助网络资源的分配，得到更好的 QoS 并提升网络利用率。

在进行分组调度时，不同业务类型的需求不一样，因此并未强制设置计算优先级的权重因子 θ_1 与 θ_2 的值，而是通过 QoS 管理模块根据对业务分组的网络状况进行监管，对权重因子进行调整。例如，在 UMTS 网络中，语音业务、数据业务同时运行时，相较数据业务，语音业务的 QoS 会更好。此时，由于 UMTS 网络特性，数据业务的传输速率较慢、数据包丢失、时延效果会增大，因此在 UMTS 网络中，为保障数据业务的完整性，较低的丢包率更为重要，此时丢包率的权重 θ_2 可以适当增加。当 QoS 管理模块监测到的业务分组均属于实时业务时，可以加大时延因子的权重值，此时设置 $\theta_1 > \theta_2$；如果监测的业务分组均属于非实时业务，为保障数据包的完整性，将加大丢包率因子的权重，此时设置 $\theta_1 < \theta_2$。

3. 信道资源分配

多维网络中的多种制式是一种多维因素，这使得通信系统更加复杂多变。为保证终端业务良好的用户体验，分组调度策略和信道资源分配就成为无线资源管理的一个关键部分。在处理终端切换申请时，对切换申请进行判决，可以避免网络侧的拥塞。如何提高网络的资源利用率，还需要根据网络中运行业务分组的优先级进行信道资源的分配。

通过参考现有无线资源管理的相关研究，可以采用一种新的信道资源分配策略。该策略主要由资源分配模块完成。当网络资源监测模块判定当前网络资源十分充足时，则同意用户的业务分组；反之，为保障网络中现有业务的良好运行，拒绝新的业务分组。通过该信道资源分配策略，可以有效地提升网络资源利用率，减少缓存区间内的业务分组队列长度，与此同时，对降低业务分组的等待时延和丢弃概率也有帮助。

在该算法中，按照业务分组的优先级对信道资源进行分配，可以保障终端用户业务在生存时延内顺利传输到目的节点。设定终端 i 的 j 类业务的数据包大小为 $\mathrm{sp}_{i,j}$。当前信道的传输速率用 $R_i(t)$ 表示，T 表示的是网络侧资源分配周期，那么传输数据包大小为 $\mathrm{sp}_{i,j}$ 的业务分组需要的信道数为

$$m_{i,j} = \frac{\mathrm{sp}_{i,j}}{C_i(T)}\left[\frac{T_j - (t - t_{i,j})}{T}\right]^{-1} \tag{6-16}$$

其中，$C_i(T)$ 表示信道传输能力，即

$$C_i(T) = R_i(t)T \tag{6-17}$$

式中，$t_{i,j}$ 表示终端类型 i 的 j 业务在切换被允许后，业务数据包的生成时刻；t 表示业务分组被执行时刻；T_j 表示 j 类业务可允许传输时延的最大值。

因此，传输所有终端业务数据包所需要的信道数量为

$$m = \sum_{i=1}^{n}\sum_{j=1}^{2}\frac{\mathrm{sp}_{i,j}}{C_i(T)}\left[\frac{T_j - (t - t_{i,j})}{T}\right]^{-1} \tag{6-18}$$

用 M_t 表示系统资源信道总数，网络资源是否充足。当 $M_t - m > 0$ 时，表示资源充足；反之，当 $M_t - m < 0$ 时，表示系统资源紧张。在时间 T 内，将拒绝终端新提出的业务分组，从而提高用户的 QoS，保障网络资源得到合理的利用。

对于业务的分组调度算法，可以从如下几个方面对算法性能进行评估。

(1) 平均端到端时延

通过数据包的平均端到端时延对网络整体时延进行分析，其中平均端到端时

延指的是业务数据包生成后，通过异构网络传输到目的端所耗时间的平均值，即

$$D_{\text{avrg}} = \frac{1}{n}\sum_{i=1}^{n}\frac{1}{N}\sum_{\lambda=1}^{N}(\text{tr}_{\lambda} - \text{ts}_{\lambda}) \tag{6-19}$$

其中，n 表示网络中的终端总数；i 表示终端数量；ts_{λ} 和 tr_{λ} 分别表示编号为 λ 的数据的发送时间和接收时间；N 表示传输成功的数据总量。

(2) 平均丢包率

平均丢包率指数据包丢失个数与数据包发送总数之比，即

$$P_{\text{avrg}} = \frac{1}{n}\sum_{i=1}^{n}\frac{p_s - p_r}{p_s} \tag{6-20}$$

其中，n 表示网络中的终端总数；i 表示终端数量；p_s 表示终端发送的数据量总数；p_r 表示目的终端成功接收的数据量的大小。

(3) 平均吞吐量

平均吞吐量指在单位时间内网络中成功传输的数据总量，即

$$T_i(t) = \sum \frac{S_i(t)}{t_i} \tag{6-21}$$

其中，$T_i(t)$ 表示吞吐量；$S_i(t)$ 表示在网络中成功传输的数据总量；t_i 表示单位时间。

4. 算法设计流程

综上所述，终端侧业务在进行切换时，首先采用网络选择算法为业务选择目标网络。然后，通过切换判决机制和分组调度策略实施切换和调度，其切换流程如图 6-3 所示。

详细步骤如下。

① 业务分组到达网络侧后，网络侧对缓存区内等待转发队列的长度进行判断。当队列长度小于最大队列长度时，则接入该业务分组。此时，业务分组队列进入缓存区等待调度转发；否则，拒绝接入。

② 等待转发。当业务接入后，进入等待转发阶段，缓存区对入队速率、出队速率及分组丢弃率进行估计，并更新时间。

③ 分组优先级判断。通过分组优先级计算式(6-15)，对队列中等待传输的业务分组的优先级进行计算并排序。

④ 信道资源分配。计算当前队列中所有业务分组所需信道数，并与网络中可用信道数进行比较。当分组所需信道数小于可用信道数时，根据分组优先级高低，为分组包进行资源分配；反之，系统拒绝新用户的接入或切换请求。

⑤ 如果可用信道数充足，新的业务分组被接受进入等待转发，返回步骤①。

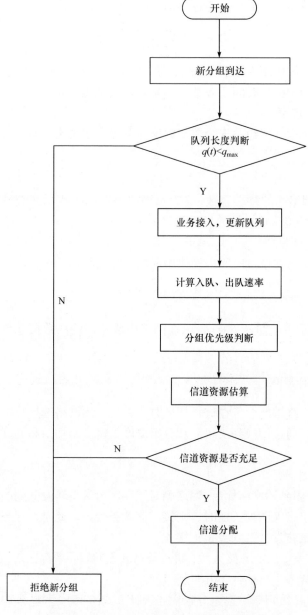

图 6-3　基于优先级的分组调度策略流程图

6.3 无线资源管理

6.3.1 引言

近些年来，移动通信技术的发展呈现出多样化和复杂化的趋势。无线接入网络的种类越来越多，如无线局域网、全球微波互联接入网、LTE 网络、卫星网络等，层出不穷的无线接入网络为用户带来多种多样的网络接入选择，同时构成多维网络的环境。另一方面，随着高清视频点播、视频会议等高速传输业务的兴起，人们对网络带宽和传输速率的需求越来越高，第五代移动通信系统更是提出在 4G 网络的基础上将网络容量提高 1000 倍的宏伟目标。如何对种类繁多的无线接入网技术进行统一管理，并满足高速传输业务对于带宽、速率的要求，成为当前保证业务稳定的研究热点，多网并行传输技术也应运而生。

多网并行传输技术指的是适合在多维网络环境下使用的多路径并行传输技术，通过将多种不同的无线接入网络视为多个并行的传输信道，将业务分组在多个接入网上并行传输，通过并行传输下的带宽积聚来增加吞吐量。同时，根据各个网络中的拥塞状况自适应地进行拥塞控制，达到平衡异构网络负载，在整体上实现多种网络利用率最大化的目的。在实际应用中，对于一些带宽需求较高的业务，单一网络单一路径的带宽有限，在传输过程中可能会出现高延迟、高丢包率的现象，对业务服务质量和终端用户体验产生严重的影响。此时，若在终端的接入范围内存在其他可用网络，且该网络负载较低，能够满足当前业务的服务质量需求，将业务通过多路径并行传输技术分配到多条属于不同网络的路径上并发传输，可以充分利用负载较轻网络上的资源，提升业务服务质量，改善用户体验。因此，多路径并行传输技术对提高多维网络环境下业务的稳定性和持续性具有很强的现实意义。

6.3.2 多路并行传输中的数据乱序

1. 影响数据包乱序的因素

针对多路径并行传输中由于路径间不对称性引起的数据包乱序问题，2014 年 Gao 等进行了多组不同网络场景下的仿真实验，根据仿真结果，对多路并行传输中的数据乱序现象产生原因、影响因素，以及对系统吞吐量性能、端到端延时、传输超时的影响进行了系统的分析。

然而，该模型在建模时假设数据包由应用层到达发送端后就立即被发送出去，只考虑了路径传播时延对于数据乱序现象的影响，忽略了数据包的传输时延、队列时延、处理时延等影响因素。数据包传输过程中的端到端时延由四个部分组成，分别是传播时延、传输时延、处理时延和排队时延。传播时延是指数据包由离开发送端到达接收端过程中在传输链路上经历的时间。传输时延是指数据包由发送端发送到传输链路所花费的时间。处理时延是指节点对数据包进行计算处理过程的时延。队列时延是指数据包在节点缓冲区中等待发送所经历的时间。以上四个部分均是端到端时延的组成成分，若单纯考虑传播时延的影响将会使模型的输出结果不准确，不能完全符合真实的网络环境。为了更好地说明传输时延和队列时延对于数据乱序的影响，下面具体分析说明。

　　如图 6-4 所示，假设发送端和接收端之间使用两条路径进行多路径并行传输。发送端的数据分流算法采用基于路径时延的权重轮询算法，因为路径 1 和路径 2 上的传播时延比为 1:2，所以发送端按照 2:1 的分流比例给路径 1 和路径 2 分配数据包，设路径 1 上数据包到达间隔为 20ms，路径 2 上数据包到达间隔为 40ms。在图 6-4(a)中，路径 1 和路径 2 上的传播时延分别为 50ms 和 100ms，忽略发送端传输时延和队列时延对数据包乱序的影响。取时刻 T 作为观察时刻，截至时刻 T，所有已发送的数据包均能按序到达接收端，接收端没有出现数据乱序的现象。如果考虑发送端传输时延和队列时延的影响，如图 6-4(b)所示，路径 1 和路径 2 上的传播时延依然是 50ms 和 100ms，路径 1 的传输时延和队列时延共 10ms，路径 2 的传输时延和队列时延共 50ms。增加对发送端传输时延和队列时延的考虑，相当于延长数据包从进入发送队列等待发送，到被接收端成功接收所经历的总传输时间 T_{total}，此时路径 1 和路径 2 上的 T_{total} 分别为 60ms 和 150ms。此时，若仍然采用基于路径时延的权重轮询算法进行发送端数据调度，则截至时刻 T，传输过程共发生了两次数据乱序现象，分别是由传输序列号为 3 和 6 的数据包延迟到达所引起的。在 T 时刻，由于传输序列号为 6 的数据包尚未到达接收端，因此传输序列号为 7 的数据包将滞留在接收端缓存中，无法提交给上层应用进行处理。图 6-4 只是在特定网络环境下的一个例子，如果传输时延和队列时延进一步增大或路径传播时延减小或者发送端数据包发送间隔减小，都会使接收端数据乱序现象更为严重。

　　可以看出，数据包的传输时延和队列时延是引发数据包乱序现象的原因之一。在进行数据包乱序性能分析时应该增加对于传输时延和队列时延的考虑。因此，在现有研究成果基础上，增加考虑发送端传输时延和队列时延对数据包乱序现象的影响，可以采用基于累加概率分布的多路径并行传输数据包乱序分析模型。

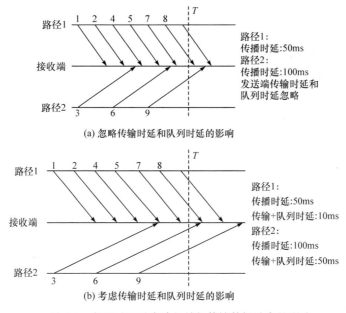

(a) 忽略传输时延和队列时延的影响

(b) 考虑传输时延和队列时延的影响

图 6-4　发送时延对多路径并行传输数据乱序的影响

2. 模型描述

IP 数据包乱序是网络链路的一个基本属性。乱序可能由多方面原因引起，如路由切换、垂直切换、链路层重传等。在多路径并行传输系统中，数据包在多路径并行传输过程中发生的乱序主要由多条并发链路之间的延时差异导致。为了简化分析过程，可以将多路径并行传输系统抽象为如图 6-5 所示的模型。

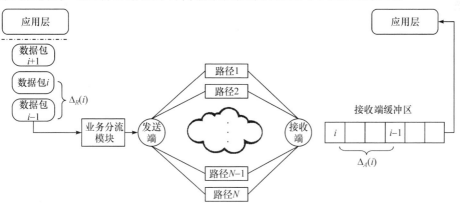

图 6-5　多路径并行传输系统乱序性能分析模型

(1) 发送端和接收端

如图 6-5 所示，在发送端与接收端之间存在 $N(N \geqslant 2)$ 条相互独立的传输路径，

分别记为 $L_1, L_2, \cdots, L_k, \cdots, L_N$，各条路径上端到端传播时延满足 $d_1 \leqslant d_2 \leqslant \cdots \leqslant d_k \leqslant \cdots \leqslant d_N$。由应用层传递下来的业务流在到达发送端的业务分流模块后被分割成大小不一的数据包，每个数据包在传输过程中相互独立，并按照一定的数据调度算法选择 N 条路径中的某一条进行发送。记某一数据包选择传输链路 L_k 进行传输的概率为 p_k，也就是说该数据包会以 p_k 的概率被分配到端到端时延为 d_k 的链路上进行传输。数据分流调度策略可以描述为

$$P = \left\{ p_1, p_2, \cdots, p_N \mid \sum_{i=1}^{N} p_i = 1 \right\} \tag{6-22}$$

其中，p_i 表示选择路径 L_i 作为数据包发送路径的概率。

接收端需要对经由各条路径传输到达的数据包进行处理，有序到达的数据包按序向上递交给应用层进行处理；乱序到达的数据包则暂存于缓存区中，等待所有传输序列号小于它的数据包都到达后再一起递交给应用层。

(2) 路径端到端传输时延

假设不存在链路失效丢包，同一路径上传输的数据包会按照发送顺序有序到达接收端，不同路径上传输的数据包可能发生乱序现象。因此，一旦接收端出现数据乱序现象，说明发生乱序的传输序列号连续的数据包必定来自不同的传输路径，即如图 6-4 所示的乱序性能分析模型中的数据包乱序是由不同路径间的不对称性引起的。为了后面理论分析的方便，先将分析过程中需要用到的变量定义如下，$R(i)$ 表示数据包 i 到达发送端的时刻；$\Delta_R(i)$ 表示数据包 $i-1$ 与数据包 i 到达发送端的时间间隔；$S(i)$ 表示数据包 i 经历的发送时延；$T(i)$ 表示数据包 i 离开发送端的时刻，$T(i) = R(i) + S(i)$；$\Delta_T(i)$ 表示数据包 $i-1$ 与数据包 i 离开发送端的时间间隔；$d(i)$ 表示数据包 i 在网络传输过程中经历的传播时延；$A(i)$ 表示数据包 i 到达接收端的时刻，$A(i) = T(i) + d(i)$；$\Delta_A(i)$ 表示数据包 $i-1$ 与数据包 i 到达接收端的时间间隔。为了后续推导过程方便，可以将数据包在发送端所经历的传输时延和队列时延合起来，称为发送时延。

3. 理论分析

为了简化理论推导过程，先暂时忽略发送时延 $S(i)$ 对于数据包乱序的影响。假设数据包到达发送端后立即被发送到传输链路上，即数据包在 $T(i)$ 时刻到达发送端并立即被发送出去，经历路径传播时延 $d(i)$ 后到达接收端。

数据包乱序现象是指数据包到达接收端的顺序与发送端发送顺序不一致。由于数据包是有序离开发送端的，因此数据包发送时刻与该数据包的传输序列号成正比，传输序列号越大的数据包发送的时刻就越晚。因此，要保证数据包按序到达接收端，只需要让相邻两个数据包到达接收端的时刻满足下式，即

$$\Delta_A(i) = A(i) - A(i-1) \geqslant 0, \quad i \geqslant 0 \tag{6-23}$$

即

$$T(i) + d(i) \geqslant T(i-1) + d(i-1) \tag{6-24}$$

因此，有

$$d(i) \geqslant d(i-1) - (T(i) - T(i-1)) = d(i-1) - \Delta_T(i) \tag{6-25}$$

可以得到，只要数据包 i 经历的端到端时延大于等于数据包 $i-1$ 的端到端时延减去这两个数据包离开发送端的时间间隔，即 $d(i) \geqslant d(i-1) - \Delta_T(i)$，那么它们就可以按序到达接收端。从式(6-25)可以看出，数据包乱序的发生与路径传播时延和发送端的发送间隔有关。下面利用该条件研究多路径并行传输系统中，数据包在传输过程中发生乱序的概率。根据数据包离开发送端的时间间隔 $\Delta_T(i)$ 不同，可以分为如下两种情况进行讨论。

(1) $\Delta_T(i) \geqslant d_N - d_1$

此时，数据包离开发送端的时间间隔 $\Delta_T(i)$ 大于所有路径中最大的传播时延差。因此，有 $d(i-1) - \Delta_T(i) \leqslant d(i-1) - (d_N - d_1) \leqslant d_1 \leqslant d(i)$，即无论数据包 i 选择 N 条传输链路中的哪一条进行传输，数据包都必定能按序到达，数据包传输过程中发生乱序的概率为 $p(\Delta_T(i)) = 0$。

(2) $\Delta_T(i) < d_N - d_1$

从较长一段时间来看，在大量数据包发送过程中，相邻两个数据包 $i-1$ 和 i 的链路选择应该满足独立同分布。假设数据包 $i-1$ 被分配到链路 L_l 上进行传输，则 $d(i-1) = d_l$。数据包离开发送端的时间间隔 $\Delta_T(i)$ 总是大于零，因此有 $d(i-1) - \Delta_T(i) = d_l - \Delta_T(i) < d_l$，要想满足式(6-25)给出的数据包有序传输条件，只需要选择端到端时延大于等于 d_l 的路径来传输数据包 i，使得 $d(i) \geqslant d_l$，即使用链路 $L_l, L_{l+1}, \cdots, L_N$ 来传输数据包 i 可以避免数据乱序现象的发生。因此，数据包 i 传输过程中发生乱序的概率与数据包 $i-1$ 的发送路径及其自身发送路径有关，即

$$p = p_1 \cdot 0 + \cdots + p_k \cdot \left(\sum_{j=1}^{k-1} p_j \right) + \cdots + p_N \cdot (1 - p_N) = \sum_{i=1}^{N} \left(p_i \cdot \sum_{j=1}^{i-1} p_j \right) \tag{6-26}$$

为了描述数据包在多径并行传输过程中端到端传输时延的分布特征，可以将每个数据包的传输时延累积概率分布函数定义为 $D(d)$，即

$$D(d) = \sum_{d_k < d} p_k = \begin{cases} 0, & d \leqslant d_1 \\ p_1, & d_1 \leqslant d \leqslant d_2 \\ p_1 + p_2, & d_2 \leqslant d \leqslant d_3 \\ \cdots \\ 1, & d > d_N \end{cases} \tag{6-27}$$

其中，$D(d)$ 的物理意义是所选择的传输路径端到端传输时延小于 d 的概率。

因此，在已经确定选择传输时延为 $d(i-1)$ 的路径传输数据包 $i-1$ 的前提下，数据包 i 选择的传输路径能够满足式(6-25)约束条件的概率为 $D(d(i-1)-\Delta_T(i))$，即数据包 i 在传输过程中发生乱序的概率可进一步表示为

$$P(\Delta_T(i)) = \sum_{k=1}^{N} p_k \cdot D(d(i-1)-\Delta_T(i)) \tag{6-28}$$

从上述分析过程中可知，(1)中讨论的情况为(2)中的一个特例，因此多路径并行传输系统中数据包乱序概率可以统一使用式(6-28)计算。

从分析可知，发送时延是引发数据包乱序现象的影响因素之一，在进行数据包乱序性能分析时应当将发送时延的影响考虑在内。接下来，在式(6-28)的基础上，增加对于发送时延的考虑。在多路径并行传输系统中，数据包由应用层传递至发送端后，首先由业务分流模块根据一定的分流算法分配到某一传输路径的发送队列中等待发送，然后经过发送时延 S (包括在发送队列中的等待时延和从发送端发送到链路上的传输时延)后由发送端发送到网络当中，最后经过链路传播时延 d 后到达接收端。对式(6-28)中的数据包离开发送端时间间隔 $\Delta_T(i)$ 进行展开，即

$$\begin{aligned}
\Delta_T(i) &= T(i) - T(i-1) \\
&= (R(i)+S(i)) - (R(i-1)+S(i-1)) \\
&= \Delta_R(i) + S(i) - S(i-1)
\end{aligned} \tag{6-29}$$

其中，$R(i)$ 是数据包 i 由应用层传递至发送端的时刻；$\Delta_R(i)$ 是数据包 $i-1$ 与数据包 i 到达发送端的时间间隔；$S(i)$ 是数据包 i 传输过程中经历的发送时延。

下面在已知数据包 $i-1$ 的发送路径选择结果的前提下，分别对数据包 i 和 $i-1$ 的发送时延进行推导。

发送时延由发送端的队列等待时延和传输时延两部分组成。在关于网络的数据包排队问题上，现有研究大多采用排队论进行建模分析，在多维网络环境下也可以采用排队论对发送时延的影响进行分析。

假设发送端数据包的到达过程满足泊松分布，数据包到达率为 λ，数据包的大小服从负指数分布，第 k 条并发路径上的发送速率为 μ_k，发送端缓存的容量是有限的。发送端的数据分流模块根据一定的分流算法将到达的数据包分配到 N 条路径的发送队列中进行并发传输，记分配到第 k 条路径上的数据子流到达率为 λ_k，有 $\lambda_k = p_k\lambda$，$\sum_{k=1}^{N}\lambda_k = \lambda$。根据排队论的相关原理，将一个泊松过程的到达以一定的概率独立地分配给多个子过程，这些子过程也是泊松过程，故这 N 条并发链路上数据包的到达过程同样满足泊松分布。因此，数据包在每条并发链路上的排队过程都可以看作是一个有限容量的 $M/M/1$ 排队系统的排队问题，图 6-5 中的多

路径并行传输场景可以进一步简化为如图 6-6 所示的模型。

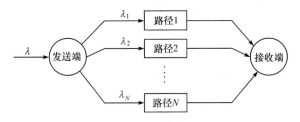

图 6-6 发送端数据包分流模型

根据 $M/M/1$ 排队系统的相关研究，数据包在该排队系统中的平均逗留时间为

$$\bar{t} = \frac{1}{\mu - \lambda} \tag{6-30}$$

因此，数据包 i 在发送过程中经历的发送时延可以通过 $M/M/1$ 排队系统的平均逗留时长进行估计，其与链路选择结果及该链路上的服务时间长短有关，记为

$$S(i) = \sum_{k=1}^{N} p_k \frac{1}{\mu_k - \lambda_k} \tag{6-31}$$

其中，k 代表第 k 条链路。

数据包 $i-1$ 的发送路径选择结果是已知的，其在发送过程中所经历的发送时延与该数据包进入发送队列时的队列长度及其所选择的发送链路的带宽有关，记为

$$S(i-1) = \frac{Q(i-1) + \text{MTU}}{B(i-1)} \tag{6-32}$$

其中，$Q(i-1)$ 表示数据包 $i-1$ 的发送路径上的队列长度；$B(i-1)$ 表示数据包 $i-1$ 选择发送路径的带宽；MTU 表示最大传输单元的长度。

因此，式(6-29)可以进一步表示为

$$\Delta_T(i) = \Delta_R(i) + S(i) - S(i-1) = \Delta_R(i) + \sum_{k=1}^{n} p_k \frac{1}{\mu_k - \lambda_k} - \frac{Q(i-1) + \text{MTU}}{B(i-1)} \tag{6-33}$$

结合式(6-28)和式(6-33)，在增加对于发送时延影响的考虑后，已知数据包 $i-1$ 发送情况的前提下，数据包 i 在传输过程中发生乱序的概率可以进一步表示为

$$\begin{cases} P(\Delta_T(i)) = \sum_{k=1}^{n} P_k \cdot D(d(i-1) - \Delta_T(i)) \\ \Delta_T(i) = \Delta_R(i) + \sum_{k=1}^{n} p_k \frac{1}{\mu_k - \lambda_k} - \frac{Q(i-1) + \text{MTU}}{B(i-1)} \end{cases} \tag{6-34}$$

由上式及其分析过程可知，路径选择策略和数据包离开发送端的时间间隔对数据乱序现象的影响较大，当满足式(6-25)时，理想状况下多径并行传输系统可以完全不受乱序的影响。因此，为了减少数据乱序现象，可以从控制数据包离开发送端的时间间隔入手。由于业务流数据包从应用层递交到发送端速率不可控，可以在数据包发送前增加一定的等待时间，以控制 $\Delta_T(i)$ 使其满足数据包有序传输的约束条件，通过牺牲传输效率的方式来避免乱序。此外，也可以通过在数据包分流时选择合适的传输路径进行传输，或者在发送端间接地对各条传输路径上的最大传输时延差进行调控等手段，使多路径并行传输系统能够满足式(6-25)的约束条件。

6.3.3 基于卡尔曼滤波的端到端时延估计

1. 时延估计的重要性

在多维网络环境中，多路径并行传输系统使用的传输链路常常属于不同的接入网络，链路间具有不对称的性质，各链路间在时延、带宽、丢包率等参数上有较大差异，限制了多路径并行传输系统的吞吐性能。另外，无线网络具有带宽低、时延抖动大和丢包率高等特点，同样会对多路径并行传输系统的吞吐性能造成很大的影响。为了有效避免这些不利的影响，需要对不同链路上的时延、带宽、丢包率等参数进行准确估计，并根据估计的结果对传输策略进行自适应调整。

流控制传输协议(stream control transmission protocol, SCTP)保留了 TCP 协议所使用的平滑的往返时延估计算法(smoothed RTT, SRTT)，式(6-35)为 SRTT 的计算公式，其中 α 一般取经验值 $\frac{1}{8}$。当发送端接收到 SACK 报文时，就对 SRTT 的值进行更新。在 SCTP-CMT 协议中，对于多路径并行传输中使用到的每一条并发路径分别维护一个 SRTT 的值，即

$$SRTT = (1-\alpha)SRTT_{last} + RTT_{new} \tag{6-35}$$

实验发现，在不同路径间时延差异较大的异构网络环境中，SRTT 估计算法的准确性并不高，特别是对于时延较小的路径，SRTT 的估计值有可能是实际往返时延的 6 倍，甚至更多。原因在于，SRTT 估计的是较长一段时间内端到端往返时延的加权平均值，其更新速度远无法跟上异构网络中传播时延的变化频率。错误的时延估计将会影响到拥塞控制算法、数据重传算法、数据分流算法的性能，从而间接的影响多路径并行传输系统的有效吞吐量。因此，对异构网络中各链路上的传播时延进行准确估计是提高多路径并行传输有效吞吐量的前提。

2. 卡尔曼滤波算法

卡尔曼滤波器是离散时间线性滤波器，可以根据线性系统的历史估计数据和

系统当前时刻的观测数据，对系统状态做出最优估计。其核心思想是，采用信号与噪声的状态空间模型，结合前一时刻的估计结果和当前时刻的测量值来求取当前时刻对系统状态的估计值，适合实时处理，并且易于计算机编程实现。

卡尔曼滤波算法广泛应用于带宽、时延等网络参数的预测估计。利用卡尔曼滤波算法对无线 Ad Hoc 网络的可用带宽进行估计，能够及时侦测到网络带宽的变化和波动，并及时做出响应。一些学者总结了现有的多种基于卡尔曼滤波算法的带宽估计技术，并在此基础上提出一种异构无线网络中点播视频流带宽管理的策略。该策略通过收集链路信息估计当前剩余可用带宽，并根据可用带宽自适应地调整视频流的传输速率。Zhang 等利用卡尔曼滤波算法对多路径并行传输系统中的链路端到端时延进行估计，并根据估计结果进行数据包调度，可以有效减少数据包乱序现象。Kadota 等利用卡尔曼滤波算法对 IEEE 802.11e EDCA 中的动态队列数目进行估计，相比传统的测量方法响应速率更快，更加适应无线网络信道参数快速变化的特点。

卡尔曼滤波算法可以将信号中的高频分量滤除，同时追踪目标信号量的变化趋势，因此该算法适用于对异构无线网络中频繁变化的端到端时延进行准确估计。

3. 基于卡尔曼滤波的时延估计算法

卡尔曼滤波算法可以对离散系统的状态进行最优估计。该算法假设离散系统可表示为线性随机微分方程的形式，即

$$X(k) = AX(k-1) + BU(k-1) + W(k-1) \tag{6-36}$$

系统状态的测量值可以描述为

$$Z(k) = HX(k) + V(k) \tag{6-37}$$

其中，$X(k)$ 和 $X(k-1)$ 分别是 k 时刻和 $k-1$ 时刻的系统状态；$U(k-1)$ 是 $k-1$ 时刻系统的控制量；A 和 B 均为目标系统的参数，若目标系统是多模型系统，则 A 和 B 是矩阵的形式；$Z(k)$ 是 k 时刻系统状态的测量值；H 是测量系统的参数，若是多测量系统，则同理 H 是矩阵的形式；$W(k-1)$ 是系统过程的噪声；$V(k)$ 是测量的噪声，两者均为高斯白噪声，方差分别是 Q 和 R。

卡尔曼滤波器对于任何满足以上条件的系统来说都是最优的信息处理器，可以估算出系统的最优化输出。

基于现有的研究成果，利用卡尔曼滤波思想对端到端时延进行估计。从较长一段时间来看，多路径并行传输系统各条链路上的端到端传输时延是一个相对稳定的值，因此假设端到端传输时延是一个常量信号与高频变化的分量之和。该高频分量是一个高斯白噪声，则端到端时延可以表示为

$$X(k) = X(k-1) + W(k-1) \tag{6-38}$$

$$Z(k) = X(k) + V(k) \tag{6-39}$$

其中，$X(k)$ 和 $Z(k)$ 分别表示端到端时延的真实值和通过 SACK 报文测量得到的测量值；$W(k)$ 表示端到端时延的高频噪声分量，满足方差为 Q 的高斯分布，即 $W(k) \sim N(0, Q)$；$V(k)$ 表示端到端时延测量值的噪声，满足方差为 R 的高斯分布，即 $V(k) \sim N(0, R)$。

基于卡尔曼滤波的时延估计算法可以划分为更新时延估计值(预测状态)和更新估计误差(修正状态)两个不断循环的阶段。这两个阶段之间的状态转移过程如图 6-7 所示。

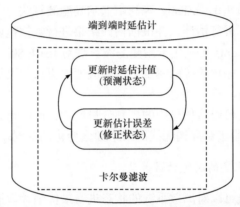

图 6-7 基于卡尔曼滤波的端到端时延估计

卡尔曼滤波算法的两个阶段可以分别用如下两组公式描述。

(1) 更新时延估计值

$$X(k|k-1) = X(k-1|k-1) \tag{6-40}$$

$$P(k|k-1) = P(k-1|k-1) + Q \tag{6-41}$$

(2) 更新估计误差

$$\text{Kg}(k) = \frac{P(k|k-1)}{(P(k|k-1) + R)} \tag{6-42}$$

$$X(k|k) = X(k|k-1) + \text{Kg}(k)(Z(k) - X(k|k-1)) \tag{6-43}$$

$$P(k|k) = (1 - \text{Kg}(k))P(k|k-1) \tag{6-44}$$

更新时延估计值阶段根据前一时刻的时延最优估计值和时延估计误差完成对当前时刻端到端时延的先验估计。其中，$X(k|k-1)$ 是根据 $k-1$ 时刻的状态预测得到的 k 时刻端到端时延的先验估计，$X(k-1|k-1)$ 是 $k-1$ 时刻的最优估计。$P(k|k-1)$ 是 $X(k|k-1)$ 对应的估计误差，类似的，$P(k-1|k-1)$ 是 $X(k-1|k-1)$

对应的估计误差。更新估计误差阶段根据当前时刻的时延估计值对先验估计值及其估计误差进行修正，得到当前时刻的时延最优估计值，作为下一次估计的依据。其中，Kg 为卡尔曼增益，$Z(k)$ 是 k 时刻的时延测量值(由 SACK 报文包含的信息计算得出)。

以上就是基于卡尔曼滤波的端到端时延估计算法的基本原理。在实际运用时，取最新的时延测量值作为时延估计初值 $X(0|0)$，并输入估计误差的初值 $P(0|0)$(可以取任意非零值)，算法就能够自动循环运行，完成对端到端时延的预测。根据式(6-40)可以得到当前时刻的时延先验估计值。该估计值可用于 6.3.3 节拥塞控制算法。当接收到一个 SACK 应答报文，则对当前时延估计值进行修正，并计算得出时延的最优估计值，作为下一轮时延估计的依据。

6.3.4　基于时延差控制的拥塞控制算法

该算法根据 6.3.2 节中的数据包有序传输的约束条件和时延估计算法的估计结果，调节各条链路上的拥塞窗口，减小不同链路上的端到端时延差，提高在多维网络环境下多路径并行传输的有效吞吐量。

1. 拥塞控制的必要性

随着互联网的迅速发展，网络中传输的业务种类越来越多样化，新型业务，尤其是多媒体业务的大量出现，使得网络中传输的流量越来越大。然而，对于单一传输链路来说，链路的传输能力是有限的，如果缺少必要的拥塞控制机制对该链路上的数据流进行控制，在链路负载较轻时，随着注入流量的增加，吞吐量尚能逐步线性增加；当吞吐量超过某个临界值后，再次增加负载，该链路上的传输吞吐量也不会继续增长，反而会逐步减少，直至产生“死锁”，如图 6-8 所示。在多路径并行传输中，若某一并发链路上发生“死锁”，则链路的端到端时延将急剧增大，导致通过该链路发送的数据包迟迟不能到达接收端，在接收端引发严重的数据包乱序，使得多路径并行传输的有效吞吐量急剧恶化，因此在多路径并行传输协议中必须包含相应的拥塞控制机制，以保证协议的吞吐性能。

2. SCTP 的拥塞控制机制简介

SCTP 中的拥塞控制机制是在传统 TCP 的基础上改进而来的，保留了 TCP 拥塞控制算法的大部分特点，同时增加了对 SCTP 多宿、多流特性的考虑。SCTP 的拥塞控制算法可分为慢启动、拥塞避免、拥塞控制、快速重传四个阶段。SCTP 拥塞控制算法的参数包括 cwnd、ssthresh、rwnd、pba 等。

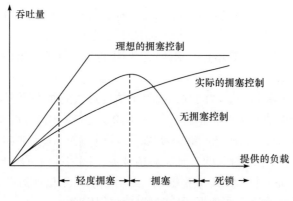

图 6-8　网络负载与吞吐量关系图

① cwnd，即拥塞控制窗口(congestion control window)，用于控制发送端一次性最多可以往网络中发送的数据包数量。发送端根据当前网络的拥塞状况，自适应地调整 cwnd 的大小对网络进行拥塞控制。

② ssthresh，即慢启动阈值(slow-start threshold)，区分慢启动阶段和拥塞避免阶段的临界值。当 cwnd<ssthresh 时，执行慢启动算法；反之，执行拥塞避免算法。

③ rwnd，即接收窗口(receiver advertised window)，接收端通过控制该值来限定发送端的发送速率，避免因发送速率过快使得接收端来不及接收数据包。该值是面向整个 SCTP 关联而言的，即不管是使用单一路径传输或多路径并行传输，整个关联都只有一个接收窗口。在 SCTP 关联初始化的过程中，接收端确定 rwnd 的初始大小，并通过发送 INIT 数据块告知发送端。

④ pba，即部分字节确认(partial_bytes_acked)，在拥塞避免算法中用于协助调整 cwnd 的大小，该参数是 SCTP 拥塞控制特有的参数。

SCTP 拥塞控制算法规定，SCTP 关联中的每一对网络地址组合都有一组独立的拥塞控制参数，即不同的路径间的拥塞控制参数是相互独立的，包括 cwnd、ssthresh、pba 等。

SCTP 拥塞控制算法包括如下阶段。

(1) 慢启动

当 cwnd<ssthresh 时，拥塞控制算法处于慢启动阶段，SCTP 启动慢启动算法增加 cwnd。当满足以下条件之一时，SCTP 增大拥塞窗口，即当前的拥塞控制窗口已经被充分利用；SACK 提高了传输序列号 TSN 的累积确认值。当满足以上条件之一时，cwnd 的值将被增加，增加的大小为 min(ack,MTU)，其中 ack 是当前已经收到并被确认的字节数，MTU 是一个最大传输单元的大小。

当某一路径上没有数据需要发送时，则该路径上的 cwnd 将在每个重传超时

时间段后按照 $cwnd = max(cwnd/2, 2 \times MTU)$ 进行调整。

(2) 拥塞避免

当 $cwnd > ssthresh$ 时，SCTP 执行拥塞避免算法。当 SACK 报文提高了 TSN 的累积确认值，pba 将增加新确认的字节数 ack。若 pba 大于或等于 cwnd，则将 cwnd 增加一个 MTU 的大小，并将 pba 减去 cwnd。可见，在拥塞避免阶段，cwnd 的增长速度慢于慢启动阶段，一般一个往返时延 RTT 过后，cwnd 的值才会增加一个 MTU。

与慢启动阶段类似，当某一路径上没有多余的数据需要发送时，该路径上的 cwnd 将在每个重传超时时间段后按照 $cwnd = max(cwnd/2, 2 \times MTU)$ 进行调整。

(3) 拥塞控制

SCTP 协议在满足如下三个条件之一时会减小拥塞窗口 cwnd。

① 链路空闲(idle time)时，SCTP 将 cwnd 恢复到初始值，ssthresh 的值保持不变。

② 发生超时(time out)时，SCTP 将 cwnd 减小为 $cwnd = 1 \times MTU$，ssthresh 减小为 $ssthresh = max(cwnd/2, 2 \times MTU)$，并进入慢启动阶段。

③ 执行快速重传(fast retransmission)算法时，当收到连续四个包含同一 TSN 丢失信息的 SACK 分组时，SCTP 将启动快速重传算法。

(4) 快速重传

在没有发生数据包丢失的情况下，SCTP 接收端采用的是延迟确认的方式。但当接收端发现接收到的数据包中某一 TSN 的数据包缺失时，在接收到该数据包之前，接收端每收到一个携带数据的分组就发送一个 SACK。发送端收到连续四个包含同一 TSN 丢失信息的 SACK 分组后，SCTP 认为该 TSN 标识的数据包已经丢失，启动快速重传算法重传该数据包，具体算法如下。

① 标识丢失的数据包，等待进行重传。

② 将最后一次发生数据包丢失的路径上的慢启动阈值 ssthresh 调整为 $ssthresh = max(cwnd/2, 2 \times MTU)$，cwnd 调整为 cwnd=ssthresh。

③ 将 K 个最早标记为丢失的数据包放在一个分组中进行重传，这 K 个数据包应小于等于最大传输单元 MTU。

3. 数据乱序现象对有效吞吐量的影响

SCTP-CMT 协议通过将不同网络的资源整合并统一管理，从而达到聚合不同网络的可用带宽，提升业务 QoS 的目的。然而，该协议并不适用于多维网络环境。在多维网络中，路径间的不对称性导致不同路径上的端到端传输时延差异巨大，不同路径上并行传输的数据包将无法按照发送时的顺序有序地到达接收端，从而引起数据包乱序现象。乱序的数据包将滞留在接收端缓存中，等待传输序列号较小的数据包全部到达后，才能一同向上层应用递交，严重制约了多路径并行传输有效吞吐量的提高。特别的，对于实时视频会议等对数据实时性要求较高的业务，即使最终数据包能够成功递交给上层应用，数据包内的数据也可能已经超过了有效期限而被应用丢弃。这将使多路径并行传输系统的有效吞吐性能进一步恶化。

可以将多路径并行传输的有效吞吐量定义为，单位时间内接收端成功接收并按序递交给应用层的数据包数量。当多路径并行传输系统各条并行路径上的最大时延差足够小时，理想状况下可完全不受乱序的影响。因此，可以通过对多路径并行传输系统中各条并行链路上的最大时延差进行调控，使其满足数据包有序传输的约束条件，从而减小发生数据包乱序的可能性，提高系统的有效吞吐量。下面以一个最简单的，只有两条并发路径的多路径传输场景为例进行分析，进一步说明不同路径间的时延差和系统有效吞吐量之间的关系。参数说明如下，τ_i 表示发送端各路径上的数据包发送间隔，i 为路径编号(i=1, 2)；d_i 表示路径 i 上的传播时延(即数据包从离开发送端到抵达接收端所花时间)，且 $d_1 < d_2$；Δd 表示路径 1 和路径 2 的传播时延差，$\Delta d = |d_2 - d_1|$；T 表示接收到一个完整有序的数据块所花费的时间；S 表示时间 T 内总共接收到的有序数据块的大小；G 表示多路径并行传输系统的有效吞吐量，$G = \dfrac{S}{T}$。

假设共有 4 个传输序列号 TSN 连续的数据包等待发送，数据包的 TSN 分别为 1、2、3 和 4，称这 4 个数据包为一个按序单元。其中有 3 个数据包被分配到路径 1 上进行传输，剩下的一个数据包通过路径 2 传输。传输开始后，考虑以下两种情形，数据包 1 和数据包 2 分别由路径 1 与路径 2 发送出去。

① 当 $\Delta d > \tau_1$ 时，如图 6-9(a)所示。当通过传播时延较大的路径 2 上发送的数据包到达接收端时，接收端才会接收到一个完整的有序数据块并向上交付给应用层，此时接收该有序数据块所花费的时间 $T = \Delta d$，故

$$G = \frac{S}{T} = \frac{\tau_2 / \tau_1 + 1}{\Delta d} \tag{6-45}$$

② 当 $\Delta d \leqslant \tau_1$ 时，如图 6-9(b)所示。由于 SCTP 规定接收端完整地接收到一个有序数据块后向发送端发送 SACK 应答报文，发送端接收到该报文后开始下一轮的数据发送，这种情况下接收端接收到一个完整有序数据块所花费的时间可以近似地用路径 2 上的数据包发送间隔代替，故

$$G = \frac{S}{T} = \frac{\tau_2 / \tau_1 + 1}{\tau_2} \tag{6-46}$$

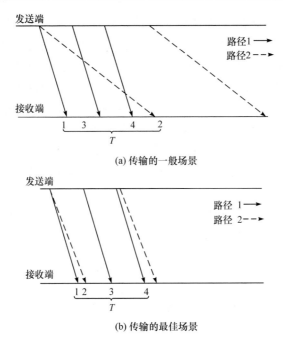

(a) 传输的一般场景

(b) 传输的最佳场景

图 6-9　具有两条并发路径的多路径传输场景

通过上述分析比较得知，两条路径的传输时延差越大，接收端接收到 TSN 连续的数据块并交付给应用层所花的时间就越长，有效吞吐量就越小。因此，可以通过在发送端对数据包发送速率进行调节，均衡不同路径上的负载，间接地调控并发路径间的最大时延差，减少数据包乱序，提高多路径并行传输系统的吞吐量。

4. 基于时延差控制的拥塞控制算法研究

在多路径并行传输过程中，可以通过调整发送端拥塞窗口的大小，将网络负载由高负载链路向低负载链路转移，减轻高负载链路的拥塞程度，减小不同链路上的最大时延差。根据这一结论，可以对 SCTP 协议的拥塞控制算法进行改进。需要说明的是，改进是在 SCTP 原有拥塞策略基础上添加新的控制策略，主要对拥塞控制部分的算法进行改进，保留了 SCTP 协议慢启动、拥塞避免和快速重传阶段的拥塞控制算法。

定义时延系数 θ 为通过卡尔曼滤波法获得的端到端时延估计值中最大值与最小值之比，即

$$\theta = \frac{d_{\max}}{d_{\min}} \tag{6-47}$$

在每次接收到 SACK 分组后，调用卡尔曼滤波算法进行新一轮的端到端时延

估计，并根据最近时刻的时延先验估计值更新时延系数 θ 。定义两个阈值 θ_0 和 $\theta_{\max}$ ，满足 $0 < \theta_0 < \theta_{\max}$ 。当 $\theta > \theta_0$ 时，表示当前不同路径上时延差距较大，有可能导致数据乱序现象的发生；当 $\theta > \theta_{\max}$ 时，表示当前路径时延差异非常大，传输过程中数据乱序现象严重，有可能导致接收端缓存阻塞。当时延系数 θ 大于 θ_0 或 $\theta_{\max}$ 时，需要对发送端拥塞窗口进行调整。此时，发送端即使没有收到包含同一 TSN 丢失信息的 SACK 分组或数据包超时消息，也会根据时延系数 θ 的大小减小传输时延最大的路径上的拥塞窗口。算法的具体流程描述如下。

① 使用卡尔曼滤波算法更新时延估计值后，开始执行策略。

② 根据最新的时延估计值，更新时延系数 θ 。

③ 若 $\theta > \theta_0$ ，查找当前传输时延估计值最大的路径 P_i ；否则，算法终止。

④ 若 $0 < \theta_0 < \theta_{\max}$ ，则将 P_i 上的拥塞窗口 cwnd_i 减小为

$$\text{cwnd}_{\text{new}} = \frac{1}{2}\left(\frac{\text{cwnd}_{\text{old}}}{\theta} + \text{cwnd}_{\text{old}} \right) \tag{6-48}$$

⑤ 若 $\theta > \theta_{\max}$ ，则将 P_i 上的拥塞窗口 cwnd_i 减小为

$$\text{cwnd}_{\text{new}} = \frac{\text{cwnd}_{\text{old}}}{\theta} \tag{6-49}$$

⑥ 比较减小后的 cwnd_i 和该路径的慢启动阈值 ssthresh_i ，如果 $\text{cwnd}_i < \text{ssthresh}_i$ ，则令 $\text{ssthresh}_i = \text{cwnd}_i$ 。

在算法中，当 $\theta_0 < \theta < \theta_{\max}$ 和 $\theta > \theta_{\max}$ 时，分别采取不同的拥塞窗口控制策略，原因在于 $\theta_0 < \theta < \theta_{\max}$ 时，传输过程中可能发生数据包乱序，但是并没有到达十分严重的地步，因此将拥塞窗口调整为原本拥塞窗口除以时延系数 θ 所得的值与原本拥塞窗口的平均值，有效避免了拥塞窗口减小过快引起多路径并行传输系统整体吞吐量大幅度降低；当 $\theta > \theta_{\max}$ 时，由于很可能会引发接收端缓存阻塞，必须迅速减小发送端拥塞窗口的大小，以减慢数据包发送速率。此外，当调整后 cwnd_i 的值过小时，令 $\text{ssthresh}_i = \text{cwnd}_i$ 是为了保证执行完本算法后，链路依然处于拥塞避免阶段，以避免由于减小 cwnd 使链路处于慢启动阶段，从而使 cwnd 快速增加并恢复到调整前的大小。

在执行完上述算法之后，端到端时延最大的路径上的拥塞窗口将会减小，导致减小后的 cwnd 值加上目前已经收到 SACK 确认的最大 TSN 序列号之和小于已经被发送出去的最大 TSN，这将使得该路径上发生暂时性的阻塞，无法发送新的数据包。设阻塞的时长为 ΔT ，则最坏情况下 ΔT 的大小可以通过下式计算，即

$$\Delta T = (\text{cwnd}_i - \text{cwnd}_i / \theta) \times \tau_i \tag{6-50}$$

例如， $\theta = 4$ ， $\tau_i = 2\text{ms}$ ， $\text{cwnd}_i = 100$ ，则 ΔT 的值为 150ms。经过 150ms 后，

该路径将结束暂时性阻塞，重新开始发送数据包。虽然在该时间段内时延最大的路径会暂时阻塞，但是整个多路径传输的有效吞吐量将得到大幅度的提高，对于整个多路径并行传输系统来说，总体的传输性能还是得到了提高。

在上述算法中，θ_0 和 θ_{max} 这两个阈值的选择会对拥塞控制算法的性能产生重要的影响。如果阈值选择过大，会使算法执行的频率跟不上时延差的变化速度，导致路径端到端时延差变大时得不到及时的调控，算法达不到预期的效果；如果阈值选择过小，会使拥塞窗口 cwnd 在短时间内多次变化，增加链路的抖动性。阈值 θ_0 定义为当 $\theta > \theta_0$ 时，表示当前不同路径上时延差距较大，有可能导致数据乱序现象的发生。由式(6-25)得知，在多路径并行传输系统中，数据包 i 有序传输需要满足数据包 i 与 $i-1$ 在发送端的发送间隔大于等于所有并发路径上的最大传输时延差，即

$$\Delta_T(i) \geqslant d_{max} - d_{min} \tag{6-51}$$

由于数据包 i 的发送路径与所采用的数据分流策略有关，因此为了保证满足数据包有序传输约束条件，要求所有路径上的发送间隔都满足式(6-25)，因此有

$$d_{max} - d_{min} \leqslant \min(\Delta_T) \Rightarrow \theta \leqslant \frac{\min(\Delta_T)}{d_{min}} + 1 \Rightarrow \theta_0 = \frac{\min(\Delta_T)}{d_{min}} + 1 \tag{6-52}$$

阈值 θ_{max} 的定义是，当 $\theta > \theta_{max}$ 时，表示当前路径时延差异非常大，传输过程中数据乱序现象严重，可能导致接收端缓存阻塞，因此选择接收端的缓存大小作为 θ_{max} 计算的参考标准，记接收端缓存中能容纳的数据包个数为 N_{Buffer}，通过下式可以计算出 θ_{max}，即

$$\frac{d_{max} - d_{min}}{\min(\Delta_T)} + 1 \leqslant N_{Buffer} \Rightarrow \theta \leqslant \frac{(N_{Buffer} - 1) \cdot \min(\Delta_T)}{d_{min}} + 1$$
$$\Rightarrow \theta_{max} = \frac{(N_{Buffer} - 1) \cdot \min(\Delta_T)}{d_{min}} + 1 \tag{6-53}$$

基于时延差控制的拥塞控制算法可以有效调控不同链路上的端到端时延差，然而该算法并不总是能够保证将所有链路上的时延差控制在满足式(6-25)的理想范围，这是因为除了链路上的负载大小，影响链路端到端时延的因素还包括路由器、基站、中继节点上的传输时延、处理时延和队列时延等因素。此外，链路层的信号冲突和无线信道中的随机丢包也会对链路时延造成影响。因此，单纯通过传输层的端到端拥塞控制是无法完全消除不同链路上的传播时延差的，拥塞控制算法与其他有效吞吐量优化方法结合起来使用才能达到最优的效果。

6.3.5 有效吞吐量优化算法步骤归纳

基于卡尔曼滤波的时延估计算法运用卡尔曼滤波的原理对各并发路径的端到

端时延进行准确估计，相比传统 SRTT 估计算法具有更高的精确度，更能适应多维网络中链路时延多变的特点，避免因为时延估计的不准确影响后续优化算法的性能。基于时延差控制的拥塞控制算法根据当前各并发链路间的最大时延差，自适应地调整链路的拥塞窗口，实现链路间的负载均衡，达到减小最大时延差的目的。通过结合以上两种算法，在发送端将链路间的最大时延差调控在一个合理的范围内，从而减少数据乱序，提高多路径并行传输系统的有效吞吐量。现将多路径并行传输系统有效吞吐量优化算法具体流程归纳如下，图 6-10(a)为基于卡尔曼滤波的时延估计算法流程图，图 6-10(b)为基于时延差控制的自适应拥塞控制算法流程图。

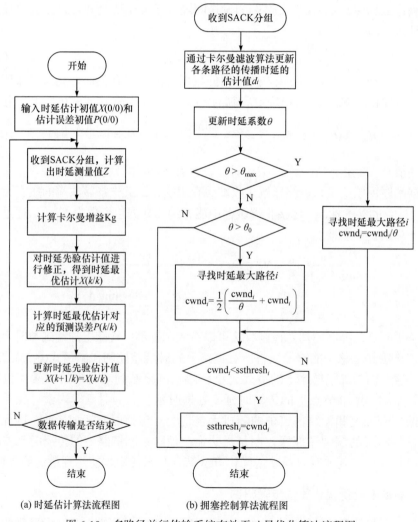

(a) 时延估计算法流程图　　　　(b) 拥塞控制算法流程图

图 6-10　多路径并行传输系统有效吞吐量优化算法流程图

参 考 文 献

韩悦, 刘增基, 姚明昕, 2012. 基于指数上鞅的统计端到端时延分析. 计算机学报, 35(10): 2016-2022.

陶洋, 刘小虎, 2013. 一种基于 QoS 的异构网络垂直切换算法. 计算机工程, 6:12-17.

陶洋, 黄鹏, 2015. 基于延时控制的 MPTCP 有效吞吐量提高方法.计算机应用研究,8: 6-10.

Gao C, Ling Z H, Yuan Y F, 2014. Packet reordering analysis for concurrent multipath transfer. International Journal of Communication Systems, 27(12): 4510-4526.

Leung K C, Lai C, Livo K, et al., 2013. A packet-reordering solution to wireless losses in transmission control protocol. Wireless Networks, 19(7): 1577-1593.

Sarwar G, Boreli R, Lochin E, et al., 2012. Performance evaluation of multipath transport protocol in heterogeneous network environments//2012 International Symposium on Communications and Information Technologies.

Zhao H, Garcia-Palacios E, Xi Y, et al., 2010. Estimating resources in wireless Ad Hoc networks: a kalman filter approach//2010 7th International Symposium on Communication Systems Networks and Digital Signal Processing.

第 7 章 安 全 分 析

随着全球移动通信的迅速发展，如同所有的通信网络，信息安全问题同样成为多维网络发展过程中必须关注的一个重要问题。多维网络在融合各网络优点的同时，也必然将相应缺点带进融合网络。多维网络除了存在原有网络所固有的安全需求，还面临一系列新的安全问题，如网间安全、安全协议的无缝衔接，以及其他新的安全需求等。构建高柔性免受攻击的无线异构网络安全防护的新型模型、关键安全技术和方法，是多维网络发展过程中必须关注的一个重要问题。

传统的 GSM 网络、无线局域网，以及 Ad Hoc 网络的安全已获得了极大的关注，并在实践中得到应用，但是多维网络安全问题的研究才刚刚起步。

7.1 多维安全威胁分析

7.1.1 概述

1. 多维网络环境下的安全问题

多维网络具有灵活性和开放性等特点，其安全性要求与传统单一网络相比有了很大的提高，安全问题也比原来的单一网络更加复杂。这使得针对多维网络的安全机制研究有重大的理论价值和实践意义。

多维网络环境下的安全问题主要表现在如下几个方面。

(1) 多维网络的跨域认证问题

在多维网络中，如何在跨越多个不同类型网络的时候提供一个可靠、高效和合法的身份是跨域认证研究的主要问题。2G 网络实现了网络对用户端的认证。3G 网络实现了网络端和用户端的双向认证，采用的方法包括基于私钥密码体制、基于共享私钥的安全协议。在多维网络融合过程中，需要对多种数据的融合进行认证，包括用户数据、访问数据和计费数据等。为了对不同网络之间的无缝切换进行规范，成立了 IEEE 802.21 工作组，提出一种媒体独立切换(media independent handover, MIH)的服务方案。

(2) 多维网络中的信任域建立

在多维网络中，如何针对个人用户快捷高效的建立相关信任域是安全机制中面临的另一个问题。信任域的管理需要具有动态性。在这种以个人用户为中心的信任域中，移动终端可以随时加入和退出，同时能够有效地保证用户隐私安全。通常来说，终端退出后不能知道信任域中的任何信息，新加入的终端不能知道信任域之前的信息，也就是需要保证前向安全性和后向安全性。

(3) 多维网络中的跨域计费问题

由于异构网络包括多种类型的无线系统，且其提供内容和服务质量都是动态变化的，因此需要有一个安全的跨域计费方式来保证业务对网络资源的合理使用，提高跨域业务的使用率。

2. 威胁分析

多维网络中的安全威胁主要包括可用性、机密性和完整性等。从攻击的物理位置来看，安全威胁可以分为对无线链路的威胁、对无线网络的威胁和对移动终端的威胁。具体的威胁类型包括如下几种。

① 窃听。在无线链路或者服务区域内窃听用户数据、信令数据和控制报文等。

② 伪装。伪装成网络单元截取用户数据、信令数据和控制报文，或者伪装成用户终端获取网络服务。

③ 流量分析。主动或者被动地进行流量分析，获取信息的时间、速率、长度，以及目的地等。

④ 篡改。破坏用户数据的完整性。

⑤ 拒绝服务。在物理上或者协议上干扰用户数据、信令数据和控制报文在无线链路上的正确传输，实现拒绝服务攻击。

⑥ 否定。用户否认参与业务所发生的费用，或者网络否认所提供的网络服务。

多维网络的安全需要抑制这些网络的商用发展。由于异构通信的脆弱性，多维网络中存在多种安全威胁。安全机制的设计和实现应该考虑异构通信，这就要扩展到 Internet、蜂窝、WLAN 和 MANET。发生在 Internet、蜂窝、WLAN 和 MANET 的攻击会影响融合网络的通信会话。

多维网络的安全问题应该在混合环境下考虑，而不是单一的蜂窝、WLAN 和 MANET。第一，UMTS、IEEE 802.16 和 IEEE 802.11 的认证协议对于异构网络来说，并没有达到足够的安全。因为这些协议都是假设一般节点(access node, AN)可以直接与基站(base station, BS)相连并交换认证数据包。第二，在与 Internet 通信之前需要安全的多跳路由，而在单跳蜂窝和 WLAN 中是不存在的。因为传统蜂窝和 WLAN 中的移动 IP 协议缺少对多跳 AN 的安全支持，所以需要考虑新的安全机制接入带有双重认证的网络。第三，在融合网络中，MANET 的自私行为会极大地影响网络性能，因此在融合网络中需要协作机制来激励数据包中继时的节点协作。

安全性一直是移动通信中需要解决的重要问题。安全攻击可以粗略地分成 Internet 基础设备信息攻击和移动基础设备信息攻击。Internet 基础设备攻击可再分成 DNS 攻击、路由表攻击、数据包攻击和 DoS 攻击等子类型。

这里主要介绍移动基础设备和信息攻击。下面从不同角度对异构网络造成的安全攻击进行分析，分类介绍 Internet 连接攻击和节点移动性攻击的产生过程，并通过安全分析得出各个问题的最佳解决方案。

7.1.2 Internet 连接攻击

由于 Internet 设备或其资源缺少安全保护，Internet 容易受到连接攻击，包括窃听及流量分析、未认证接入，以及 Internet 与无线网络之间的 DoS 攻击。

1. 窃听及流量分析

无线传输媒介的广播性质致使融合网络中的无线链路不安全。因此，攻击者很容易通过驻留在无线设备的传输范围内来窃听正在进行的通信。另外，攻击者也可以驻留在融合网络的多跳路径上并扮演中继 AN 的角色。这样当它转发数据包到下一跳节点时(如图 7-1 所示，AN5 就是 AN4 和 AN1 之间的中继 AN)就可以复制并分配数据包。

虽然在无线链路上传输的数据包可以通过加密来阻止窃听，但攻击者很可能通过检测被监控数据包的地址、大小、数目和传输时间来获取信息。攻击者可以获得 BS 的信息，如位置和 IP 地址。同样，攻击者也可以知道能够给其他 AN(图 7-1 的 AN2)提供 Internet 连接的关键 AN。获取的信息对于许多攻击者是有帮助的，通过分析经过 AN1 的流量，AN2(攻击者)能够清楚地知道 AN1 是提供给 AN3、AN4 和 ANS 的关键 AN。这时，AN2 可以对 AN1 进行攻击，从而阻止 AN3、AN4 和 ANS 的 Internet 连接。

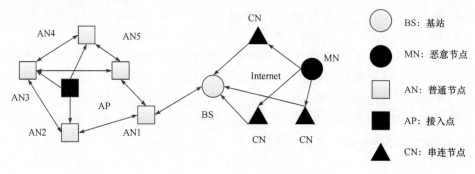

图 7-1 窃听及流量分析

2. 未认证的 Internet 接入攻击

某个恶意 AN 可以通过单跳或多跳连接接入融合网络或 Internet，来自由使用网络资源。由于互联网络服务提供商(Internet service provider, ISP)缺少正确的 ISP 配置，未认证的 AN 可接入 ISP。又由于网络设备没有充分的安全措施，安全威胁可能来自网络本身。网络中某个已注册的 AN 可以阅读、拷贝，并分配某个未认证的数据文件。恶意 AN 也可以通过远程无线接入某个公司网络，从而破坏网络数据。

当通过多跳连接接入 Internet 时，恶意 AN 会消耗带宽资源。如图 7-2 所示的多跳网络，AN1 应该被分配更多的无线资源来支持 AN3～AN5 所需的吞吐量。

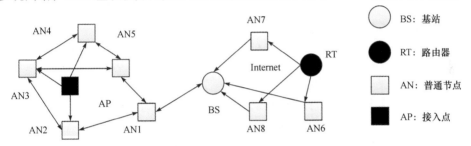

图 7-2　未认证接入和 MITM 攻击

虽然网络资源的自由使用不是 Internet 的重要威胁，但认证接入是 AN 控制 Internet 基础设备，并攻击这些组件的首要步骤。接入 Internet，攻击者会使用一些类似伪造 MAC 地址的技术接入网络设施。如图 7-2 所示，由于 AN1 能看到所有 AN7 与路由器之间的流量，因此在 AN1 与其缺省网络路由器之间执行中间人 (man in the middleattack, MITM)攻击。AN1 首先连接到 Internet 并给路由器发送带有 AN1 的 MAC 地址和 AN7 的 IP 地址的恶意 ARP 应答包。这样路由器会认为 AN1 就是 AN7。AN1 给 AN7 发送带有 AN1 的 MAC 地址和路由器地址的恶意 ARP 应答包。这样，AN7 就相信 AN1 是其路由器。AN1 接入 AN7 和路由器之间的会话，所有来自 AN7 的数据包都会首先发送到 AN1，然后 AN1 再转发到路由器，最后由路由器发送到目的地(AN6)。在反方向，所有来自 AN6 的数据包都会首先由路由器转发到 AN1，然后 AN1 再发送接收到的数据包到 AN7。这时 AN1 就拦截了 AN7 与 AN6 之间的流量。

7.1.3　AN 移动性攻击

这部分主要关注在融合网络中与移动性相关的攻击。移动 IP 协议使得 AN 能通过其本地 IP 和临时地址(contingent of address, CoA)定位。来自 Internet 的数据包可以发送到当前被攻击的网络。在多跳网络中，可扩展移动 IP 支持对多跳 AN

的 Internet 接入。带有多跳支持的移动 IP 认证步骤如图 7-3 所示。

图 7-3　移动 IP 认证步骤

如图 7-3 所示的注册过程可以为 Internet 连接提供移动性，但会导致安全性威胁。典型的注册攻击类型包括注册投毒/伪造注册、BS 缓存投毒、身份篡改等。

1. 注册投毒/伪造注册

攻击者破坏多跳 AN 的注册步骤，阻止 AN 获得来自有线网络的服务。在注册过程中，AN 通过中继 AN 向外部网络注册。攻击者(图 7-2 中的 AN2)声称自己有最短最快的到达 BS 的路由来诱使 AN(如 AN3)选择自己作为中继 AN。当攻击者被需要注册的 AN 选择作为中继 AN 时，就可以修改或丢弃 AN 的注册请求/应答。一旦攻击者修改注册请求，AN 就不能正确地向外部网络注册。如果攻击者修改注册结果，AN 就认为自己的注册请求被拒绝而不能接入 Internet。

2. BS 缓存投毒

在单跳无线网络中，恶意 AN 很难修改 AN 到 BS 的无线映射，因为每个 AN 与 BS 之间交互通信。相反，融合网络中的 BS 会因为存在的多跳通信而遭受可能的 BS 缓存投毒。为了支持多跳通信，每个 BS 都需要路由缓存来记录 BS 与每个 AN 之间的路由。有多种方法向 BS 的路由缓存投毒。例如，当 AN 为了创建或更新在 BS 的记录缓存发送路由更新数据包时，恶意 AN 会修改数据包，从而向路由缓存投毒。此外，恶意节点可以假装正常 AN 发送错误的路由更新数据包。BS 就会用恶意 AN 发送的错误信息来更新路由信息。为了定位 AN，BS 会在路由表中搜索能到达目的 AN 的第一跳 AN。来自 BS 的数据包会被逐跳转发到目的地。当路由被投毒，BS 就不能利用 BS 缓存中的路由表来定位目的 AN。例如，在图 7-2 中，AN2 伪装 AN3 发送路由更新数据包到 BS，BS 就更新了从 AN3-ANS-ANl-BS 到 AN2-ANl-BS 的路由。这样来自 Internet 的 AN3 的数据包就会因为错误的路由信息而被丢弃。

3. 身份篡改

对于攻击者来说，另一个重要的避免跟踪的方法是在攻击网络的同时隐藏自己的身份。在传统攻击中，攻击者会使用伪造的地址作为其身份。

在 Internet 和 MANET 的融合网络中，恶意 AN 可以加入并通过使用 Ad Hoc 身份来建立 Internet 连接。这样，恶意节点可以轻易地伪装自己对 Internet 或无线网络进行攻击。当恶意 AN 进入 Internet 和 MANET 的融合网络时，网络会给 AN 配置一个 ID。如果恶意 AN 离开网络并再次进入 MANET，网络会再次自动分配一个新 ID，而不需要知道前一个 ID。网络因此不能跟踪并监控恶意 AN 的历史，因为每个 AN 在离开或进入网络时没有唯一一致的 ID。当恶意 AN 对 Internet 和 MANET 的融合网络进行攻击后，恶意 AN 可以通过重新进入网络来清除其不良记录，并使用新的 ID 与网络建立信任关系。如图 7-4 所示，攻击者使用 ID1 执行 Internet 攻击。如果网络从 ID1 处发现攻击，恶意节点重新用 ID2 进入网络，并再次进行攻击。恶意 AN 修改数据包来伪造 MAC 地址的能力可以阻止监控系统对恶意 AN 的身份的监控。

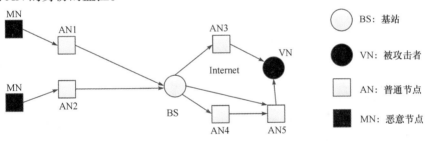

图 7-4　身份篡改攻击

7.1.4　解决方案

针对上述的两种主要安全威胁，有以下解决方案。

安全信任策略可以阻止移动性攻击，包转发攻击和自私节点的 DoS 攻击。首先，每个 AN 必须用其本地代理(home agent, HA)向访问网络注册。通过在每个 AN 与 BS 之间的双重认证过程，阻止移动性攻击。同时，BS 可以利用 HA 检验 AN 的证书。如果 AN 认证成功，AN 会得到一个临时的密钥用于以后的安全认证，这样就能阻止数据包转发攻击。密钥可以是预先建立的 AN 与其 HA 之间的密钥，这样就能节省密钥管理的负载。安全策略需要每个路由请求消息发送时都要被源节点用密钥进行签名，同时进行消息认证。这样 BS 就可以验证路由的有效性，也可以跟踪每个已经注册的节点。另外，此安全信任策略通过对所有的中继节点进行奖励来激励转发数据包，可以防止自私节点的 DoS 攻击。

安全微移动协议(secure macro/micro-mobility protocol, SM³P)协议利用广/微移动性的概念对融合网络进行保护，可以防止 AN 移动性攻击。每个 BS 拥有一对公钥和私钥，与邻居 BS 之间还有域密钥。当控制包在本地域的两个 BS 之间传输时，密钥可以保护数据包的完整性。同样，AN 之间也有同 HA 一致的密钥，一旦进入本地域，每个 AN 就要向 FA 出示认证信息，这样就可以阻止移动性攻击。另外，微移动过程还能阻止路由缓存投毒攻击，因为由 FA 发出的 AN 证书可以保护路由更新数据包的完整性。

对于 DoS 攻击，大多数都是用奖励激励机制或信誉机制促使节点协作。STUB Ad Hoc 采用的是费用奖励机制，使节点从它们转发的数据包那里获得报酬，反过来节点可以用这些报酬发送自己的数据，而这些统计都由骨干网处理，并不需要考虑在纯 Ad Hoc 网络中的每个节点上加载计费设备。信誉系统统计由邻居节点转寄和为其转发的数据包数。信誉评价包括这些统计的比率，也就是由邻居节点转发的数据包数与邻居节点转寄的数据包数的比率。节点在本地传播信誉评价。其他节点根据自己存储的信誉评价来决定是否转发数据包。

7.2　多维网络中的安全机制

由于无线信道的开放性，使得无线链路容易遭受安全攻击，在异构无线网络环境下这点表现得更加明显，主要的安全问题包括无线窃听、信息篡改、假冒攻击和重放攻击等。实际上，在现有的 3G 等通信系统和无线接入技术中，都将安全性作为重要的研究点。目的是保证信息的机密性防止被窃听，同时可以保证用户身份和数据的完整性。

多维网络由多种接入网络共同组成，主要的不安全因素包括两类。

① 基于无线接口的安全性。在多维网络中，无线终端一般是多模的，这使得针对用户身份的伪造和信息数据的篡改更加容易。

② 基于核心网络的安全性。下一代网络将采用全 IP 的核心架构，这使得原来相对封闭的蜂窝移动通信网络具有一定的开放性，从而容易导致遭到非授权访问等攻击。

因此，如何在多维网络环境下保证用户的安全接入是多维网络研究中一个重要的问题。由于在多维网络中有着多种不同的安全机制，这就使得在多维网络中构建一套统一的安全机制是很困难的。多维网络的安全主要体现在移动终端接入的安全上，因此针对移动终端的接入认证特别重要。Diameter 协议作为下一代认证、授权和计费 (authentication authorization and accounting，AAA)机制，可以为多维网络间的安全接入提供统一的认证机制。另外，在不同网络间切换的时候，上下文转移是一项常用的技术。如何在多维网络环境下进行安全的上下文转移，是一个重要的问题。

7.2.1 Diameter 协议和上下文转移

AAA 协议是网络运行安全的重要保障机制。作为 IETF 提出的下一代 AAA 服务新型协议体系——Diameter 协议，可以实现移动用户对跨域认证、可扩展性对业务的适应性等提出的要求。

1. Diameter 基础协议和应用

远程用户拨号认证系统作为现在实际应用最广泛的认证和计费协议，具有简单、扩展性好和易于管理等特点。由于协议本身的缺陷，如基于 UDP 的传输、简单的丢包机制、没有关于重传的规定和集中式计费服务，使其不适于在异构网络环境下的进一步发展。与 Raidus 协议相比，作为新的 AAA 服务协议体系，Diameter 协议具有如下特点。

① 良好的失败机制，支持失败回滚。
② 支持传输层安全和 IPSec，能够保证端到端的安全。
③ 可靠传输，支持 TCP 和 SCTP 协议。
④ 对每个会话都进行认证和授权，保证会话级的安全性。
⑤ 能力协商。
⑥ 动态发现对等实体并配置。
⑦ 漫游支持。
⑧ 数据体的完整性和机密性。

Diameter 协议可以分为 Diameter 基础协议和 Diameter 应用。Diameter 基本协议用于传输 Diameter 数据单元、协商处理能力、对错误进行处理并提供可扩展性。Diameter 应用利用基础协议提供的消息传递机制，规范相关节点的功能及其特有的消息单元，实现特定应用的 AAA 机制。Diameter 定义的应用包括移动 IPv6、可扩展认证协议 EAP、网络接入服务器要求 NASREQ 和 SIP 应用等。这样，Diameter 体系结构由基础协议、传输协议和一系列 Diameter 应用扩展组成，如图 7-5 所示。

Diameter 协议采用报文的形式携带 AAA 相关信息。这些携带在 Diameter 报文中的信息一般作为 Diameter 协议的一种属性，从而形成属性值对(attribute-value pair，AVP)。由于这个原因，Diameter 属性一般也被称为 AVP。

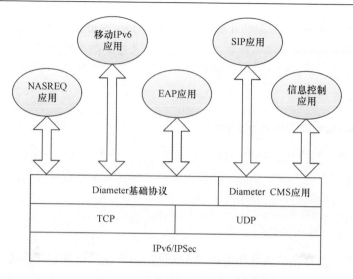

图 7-5　Diameter 协议体系结构

Radius 协议是一个服务器端-客户端协议，一般由客户端产生请求，服务器端产生响应。相对而言，Diameter 协议是一个点到点的协议，意味着无论是客户端，还是服务器端都可以产生请求或者响应。Diameter 协议报文格式中并不包含报文类型，因此可以说，Diameter 协议仅包含请求类型报文和响应类型报文。Diameter 协议采用命令的概念来代替类型。每个命令都指定了特定的代码，指示 Diameter 协议报文应该执行的操作。具体的操作将包括报文中的命令及其他属性。

Diameter 消息包含标准的公共消息头和一组 AVP。AVP 包括 AVP 头和 AVP 数据。Diameter 消息的构成如表 7-1 所示。

表 7-1　Diameter 消息构成

版本					消息长度		
R	P	E	T	保留	命令代码		公共消息头
应用 ID							
Hop-Hop 标识符							
端到端标识符							
AVP 代码							AVP 头
A	M	P	保留		AVP 长度		
制造商 ID(可选)							
AVP 数据							AVP 数据

在这些字段中，版本号设置为 1，表示当前 Diameter 协议为 1.0；R 标志位如果设置为 1，则表示请求，否则为应答；T 标志位表示当链路失败后置为 1，用来辅助消除重复报文；命令代码是与 Diameter 消息相关的命令；应用 ID 为该消息可以使用的应用；端到端标识符用来检测重复消息。在 AVP 中，如果 P 标志位置为 1，则需要加密，保证端到端的安全；AVP 数据包含属性定义的消息，采用的格式包括基本格式和导出格式。

Diameter 可扩展鉴别协议(extensible access service, EAP)是一种支持多种鉴别方法的标准机制。这是一个框架或者帧格式结构，可以容纳其他的鉴别消息。可扩展鉴别协议提供的多回合鉴别是密码认证协议(password authentication protocol, PAP)或询问握手认证协议(challenge handshake authentication protocol, CHAP)所不具备的。可扩展鉴别协议描述用户、AAA 客户端和 AAA 服务器端之间有关 EAP 鉴别消息的请求和应答的关系，完成对鉴别请求的应答，中间可能会经过多次消息交换过程。

2. Diameter 的功能处理

虽然 Diameter 在针对报文的处理上并不会区分服务器端和客户端，但是实际上依然会根据 Diameter 节点对报文的处理方式分为不同的功能节点。

对于 Diameter 客户端，一般用来发送 Request 请求命令。作为网络边缘设备，用来完成接入控制和发起 AAA 请求。生成的 Diameter 消息主要为用户请求、授权和计费业务。Diameter 客户端必须支持 Diameter 基础协议，同时还需要根据用户的业务实施需求，支持一种或多种 Diameter 应用。

对于 Diameter 服务器端，一般用来处理 Request 请求命令报文，发送相应的报文或错误指示。Diameter 服务器端将接受客户端的请求，根据使用的 Diameter 应用，处理特定域内用户的认证、授权和计费请求。与 Diameter 客户端一样，Diameter 服务器端也需要支持基础协议，并根据业务需要支持一种或几种 Diameter 应用。

对于 Diameter 代理，一般不用来发送命令，而是在中间节点上的 Diameter 报文做相应的处理，在客户端和服务器端之间提供中继、代理、重定向和转换业务，可被用来分配系统管理和维护、负载均衡、汇聚请求，以及对消息的附加处理。对于中继代理，可以根据路由相关信息中的属性值对和路由表转发请求和响应。中继代理不做策略决定，除了插入和删除 Diameter 中的路由信息，不对消息做任何修改。换句话说，中继代理对 Diameter 协议是透明的。使用中继代理的好处在于，可以在一个公共域内减少对每个 Diameter 客户端配置所必需的安全信息，同时降低 Diameter 服务器端在增加、修改和删除客户端所带来的配置负担。因此，中继代理需要支持 Diameter 基础协议和所有的 Diameter 应用。同时，中继代理不做任何应用级别的处理，因此需要广播应用标识符。Diameter 消息的中继过程如图 7-6 所示。

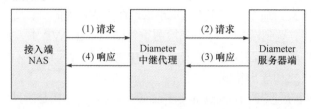

图 7-6　Diameter 消息的中继过程

对于代理人代理，主要通过 Diameter 路由表对 Diameter 消息进行转发。与中继代理不同，代理人代理可以对消息进行修改来实现策略控制，这也要求其维护下层对端的状态，从而实现对网络资源的管理。虽然代理人代理为客户端提供了增值功能，但是由于对 Diameter 消息的修改无法进行端到端加密，因此使得接入设备也无法保证端到端的安全。

对于重定向代理，主要用于路由集中配置。一般的，重定向代理将用户引导到服务器端，并通过 Diameter 域路由表确定下一跳对端的路由信息，同时向请求发起者返回包含路由选择信息的响应信息，由请求发起者根据路由信息与下一跳对端联系。因此，重定向代理本身不对 Diameter 消息进行路由转发，也不修改消息。在重定向代理中，不维护会话状态，也不维护事务状态。Diameter 消息的重定向过程如图 7-7 所示。

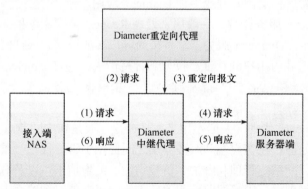

图 7-7　Diameter 消息的重定向过程

对于协议转换代理，可以在 Diameter 协议和其他协议之间进行转换。Diameter 协议和 Raidus 协议之间的转换如图 7-8 所示。协议转换代理一般作为汇聚服务器使用，需要维护会话状态和事务状态。

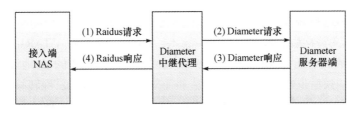

图 7-8 Diameter 中的协议转换过程

Diameter 协议可能包含有两种错误：一种是语义或者协议错误，由 Diameter 基本协议的标准不满足产生；另一种是应用错误，一般由特定的 Diameter 应用产生。对于这两种错误，Diameter 基本协议的处理是不一样的。

如果由于基本协议自身产生的错误，可以采用 Result-Code AVP 来传递错误的具体信息。需要说明的是，这些报文只能出现在含有 E 比特置位的报文中。如果 Diameter 节点在收到这样的消息后，同样需要发送 Result-Code AVP，并将其值设置为对应的值。对于由 Diameter 协议产生的多个连锁错误，Diameter 节点只需要处理其中的第一个。这是为了避免由于多次重复报文而产生的错误。

对于由上层应用产生的错误，Diameter 节点需要根据实际情况进行处理。例如，在 Diameter 应用中，由于某些原因应用中并不包含特定的 AVP，因此当上层应用发送含有这些 AVP 报文的时候，Diameter 节点处理将会出错。此时，需要根据含有的具体 AVP 数据进行处理。对于这种 AVP 类型数据缺失的情况，可以将 Diameter 基本协议中命令标识符中的 R 比特位置位，并将 Result-Code 设置为相应的错误信息。当 Diameter 节点收到这类报文后，会根据错误信息进行相应的处理。对于传递路径上的 Diameter 中继或者代理，则不需要修改这类应用错误，而是直接将其转发给请求报文的发送者。

3. 上下文转移

采用上下文转移有助于切换性能的提高，特别是在多维网络中。对于可能存在的两种类型切换，上下文转移都可以有效地利用已有的信息，快速的构建网络链路，减少切换延时。在切换中，一个值得注意的问题是安全问题。在多维网络的这些安全问题中，最重要的是安全接入。对于用户设备的接入，现有的多种网络都提供了相应的解决方案。但是，这些方案只是在已有的网络架构中来解决安全接入问题，不能很好地适应多维网络环境。为了利用多维网络中已有网络的多种安全接入方法，同时使现有的方案在多种接入技术网络之间使用，可以用上下文转移的方式，将已有的安全接入认证相关的数据传递到需要进行认证的实体上。

IETF 提出上下文转移协议(context transfer protocol，CTP)，用来对网络之间

的上下文转移进行规范。已经定义的上下文消息如下。

① 上下文转移激活请求(context transfer activate request，CTAR)消息。此消息是 MN 发送给 nAR 的，用来初始化上下文转移，包含 pAR 的 IP 地址。此消息总是由 MN 在切换后发送；否则，移动节点将不知道上下文是否已经转移到 nAR 上。

② 上下文转移请求(context transfer request，CTR)消息。此消息从 nAR 发往pAR，用来请求开始上下文数据的转移。

③ 上下文转移数据(context transfer data，CTD)消息。此消息在接收到 CTR消息后开始发送，由 pAR 将上下文数据发送给 nAR，包含所有特征上下文。

④ 上下文转移激活响应(context transfer activate acknowledge,CTAA)消息。CTAR 的接受者向移动节点发送此消息，表明收到 CTAR 消息。

⑤ 上下文转移数据响应(context transfer data reply，CTDR)消息。CTD 消息的接收者发送此报文，用来指示 CTD 消息成功接收。此消息是可选的。

⑥ 上下文转移取消(context transfer cancel，CTC)消息。如果上下文转移不能及时完成，可以使用此消息来终止正在执行的上下文转移过程。

上下文转移过程可以由移动节点 MN 发起(图 7-9)，也可以由 pAR 发起(图7-10)，这两种类型的上下文转移为预测型的。此外，上下文转移还可以由 nAR发起(图 7-11)，为反应型的。

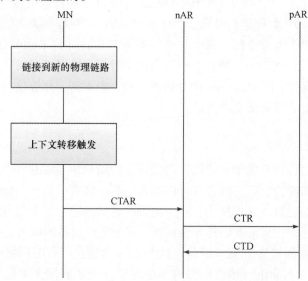

图 7-9　移动节点发起的上下文转移

在每种上下文转移策略中，都有一定量的上下文数据需要转移。转换到新网络后的移动节点可以根据这些上下文数据重建网络状态。

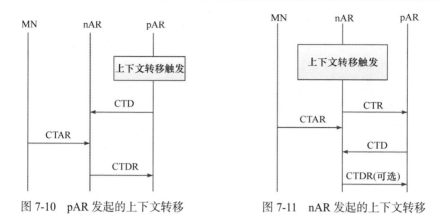

图 7-10 pAR 发起的上下文转移   图 7-11 nAR 发起的上下文转移

7.2.2 基于 Diameter 的安全上下文转移机制

为了在多维网络的上下文过程中对其数据提供安全保障,下面介绍一种基于 Diameter 协议的安全上下文转移机制(diameter-based secure context transfer, DSCT)。

1. DSCT 机制

对于多维网络中的无线服务提供网络,所提供的接入网络将包括多种类型。 在每种类型的网络之下,通信网络可以为移动用户提供多种 QoS 的服务,如 VoIP(voice over internet protocol)和 HTTP 服务等。保证这些服务安全性的则是底 层的接入安全机制,如图 7-12 所示。

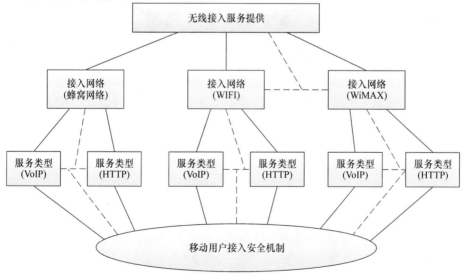

图 7-12 无线服务提供网络的安全架构

在上节的分析中，使用 pAR 和 nAR 表示切换前后的接入点。当上下文转移应用于多维网络的时候，pAR 和 nAR 可能属于不同类型的网络。这样，两个接入点之间上下文转移的安全必须通过认证来保证。在移动节点移动的时候，将可能在不同类型的网络间切换。对于移动节点上的特定网络状态，如头标压缩的状态、QoS 策略的状态等，在切换前后需要进行重建。为了减少复杂的网络状态重建过程，并减少因这些重建过程带来的网络时延等开销，可以采用上下文转移的方式。由于移动节点接入网络需要进行安全认证，这使得在异构网络环境中，上下文转移常常难以得到应用。可以采用 Diameter 协议保证不同接入点之间的认证安全，同时保证移动节点在切换的时候上下文数据的安全，从而为多维网络的融合提供安全服务保障。图 7-13 显示了 DSCT 的基本结构。

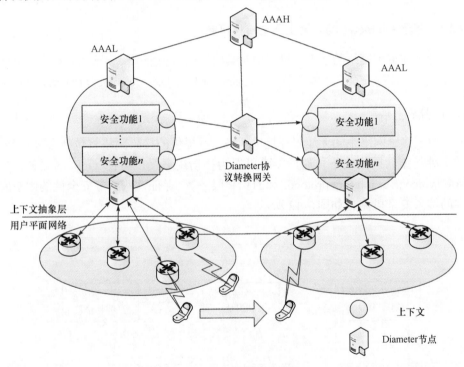

图 7-13　DSCT 的基本结构

图 7-13 将网络抽象成了两个层次，一个是用户网络平面，主要表现异构网络拓扑和网络中用户的行为，特别是移动节点的运动；另一个是抽象出来的上下文层次，主要用来保证上下文转移的安全性。图 7-13 有多个 Diameter 节点，包括 AAA 家乡服务器(AAAH)、AAA 本地服务器(AAAL)，以及协议转换网关。如果移动节点仅是在本地移动，则只需要通过 AAAL 进行认证即可，否则在上下文转移的过程中需要经过 AAAH 处理。

由于在多维网络中加入了上下文转移，可以有效地减少移动节点在切换时的时延。在普通的切换过程中，由于上下文数据的安全性得不到保障，使得上下文转移的方式难以得到应用。即使可以使用，由于需要对移动节点进行认证，也使得多维网络中的上下文转移失去了优势。为此，DSCT 方案将 Diameter 协议的认证过程结合到上下文切换中，从而减少上下文数据传递的时延，增强其安全性。

DSCT 方案的信令流程如图 7-14 所示，这里采用移动节点 MN 端发起上下文切换的方式，AR 为网络接入点。切换开始前，MN 向新的 AR 连接请求，而 nAR 收到请求后，将给出连接响应。为了防止恶意节点不停地通过启动上下文转移认证过程来消耗网络资源，在连接响应报文中将包含时间戳等值来防止进行重播攻击。随后，MN 真正发起接入请求，其中包含 MN 的安全相关信息，如密钥等。nAR 将根据这些安全信息、请求 MN 的 IP、MAC 等请求者信息和自身的安全相关信息，以及其他标识符共同构造新的注册项，并向本地的 Diameter 服务器发起 AAA 请求。当本地的 AAA 服务器发现 MN 不属于本域的时候，将同家乡 AAA 服务器交换 AAA 信息。如果具有合适的权限，向 nAAAL 和 nAR 发送接受认证的消息。在此报文中，包含有 MN 的标志信息，可以使得 nAR 确认 MN 的身份。同时，nAAAL 将完成此请求，维护相应的状态，如计费信息等。同时，MN 发送上下文激活请求给 nAR，nAR 则发送上下文传输请求给 pAR，完成上下文转换过程。需要说明的是，这里的 nAR 和 pAR 同时也作为 Diameter 的客户端节点。

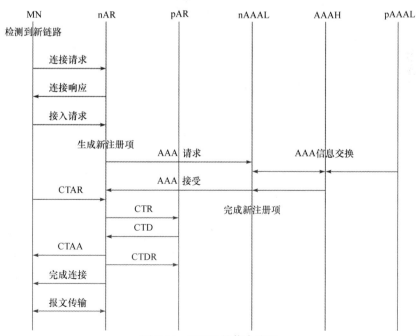

图 7-14 DSCT 的信令流程

在完成上下文转移、建立起连接之后,则可以在 nAR 根据上下文完成对网络状态的重建。

2. DSCT 和多维网络的结合

作为多维网络最常用的接入网络,DSCT 和 WLAN/3GPP 网络的结合如图 7-15 所示。WLAN 网络提供小范围和高速率的覆盖,而 3GPP 网络提供大范围和低速率的覆盖。当 MN/UE 在不同的网络之间移动时,因为两者的安全管理机制并不相同,所以需要对其进行 AAA 认证。当在两个网络节点之间(AR 和 MME)传递上下文数据的时候,可以使用 DSCT 对其进行安全保障。

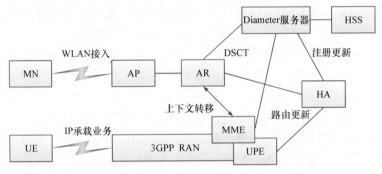

图 7-15 DSCT 和 WLAN/3GPP 网络的结合图

在 WLAN 中,采用移动 IPv6 作为其移动管理协议。图 7-16 显示了 DSCT 机制用于从 WLAN 到 3GPP 网络访问过程上下文转移的信令流程。其中,刚开始的移动 IPv6 绑定更新和绑定确认报文用来支持 MN 的移动性,对其进行家乡绑定。由于在 WLAN 网络中没有相应的 MME 实体,因此可以使用 AR 来代理向 HSS 注册更新。当 UE 切换到 3GPP 网络后,将根据安全信息生成注册项,并向 AAA 服务器发起请求。如果认证通过,将收到认证成功的消息,MME 可以向 HSS 进行注册。同时,在 UE 和 MME 之间进行无线链路资源配置。接着可以开始由 UE 初始化的上下文转移过程。在上下文转移结束之后,MME 可以获取到原来移动节点在 WLAN 环境下的相关网络状态信息,并据此重建网络状态,开始报文传输。

7.2.3 对 DSCT 方案的安全分析

描述多维网络下的安全机制是一件困难的事情,因为现在的安全机制涉及很多方面的内容。例如,安全系统为用户提供的安全服务、相应的安全机制、安全系统的组织结构,以及相应的策略、安全技术标准和接口约定等。采用一种简单的视图很难描述出安全体系结构所需要表现的全部信息。同时,由于方案将 Diameter

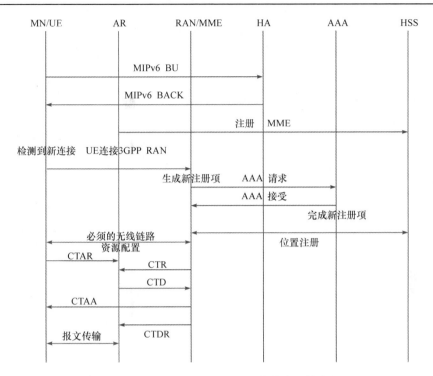

图 7-16 DSCT 和 WLAN/3GPP 网络结合的信令流程

协议引入异构网络的切换过程，需要对 DSCT 方案进行形式化验证来保证协议运行过程的安全性。

1. 基于安全服务视图模型的安全性描述

多维系统提供的安全机制可以用安全服务质量来衡量，而安全服务质量的高低可以用安全服务质量参数(quality of security service，QoSS)来表示。QoSS 可以将安全系统提供的安全功能作为响应用户安全请求的服务来管理，从而定量的评价安全服务的效果，可以作为一种评价信息保障程度的定量化指标。美国海军研究生院信息安全保障研究中心对 QoSS 问题进行了深入的研究，包括可变安全、安全机制的强度级别和自适应安全策略等。

安全服务视图描述了安全系统提供的安全服务的外部属性，可以看作是一个安全服务的多维空间，用一个安全服务向量来表示。向量中的组件描述安全系统提供的安全服务的相关属性。将 QoSS 作为安全服务表达式中的一部分，可以得到形式化定义，即

$$\text{Security\_Service\_Vector} = <S_1, S_2, \cdots, S_n> \tag{7-1}$$

$$S_i = <\text{Serv\_Type}, \text{Serv\_Area}, \text{QoSS}(\text{SML}, \text{Security\_Model}), \text{EAL}, w>$$

$$S_i \cdot \text{Security\_Area} \in \{\text{ES}, \text{IN}, W\} \tag{7-2}$$

$$S_i \cdot \text{QoSS}(\text{SML}, \text{Security\_Model}) = <\text{para}_i, \cdots, \text{para}_n>$$

其中，$l_i \in \mathbf{Z}^+$；SML $\in \{\text{SML1}, \text{SML2}, \text{SML3}\}$；Security_Mode $\in \{\text{Normal, Impacted,}$ Emergency$\}$；EAL $\in \{\text{EAL1}, \cdots, \text{EAL7}\}$；$w \in \{0, 1\}$。

安全服务组件 $S_i (i=1,2,\cdots,n)$ 为一个五元组，其中 Serv_Area 为安全服务的区域，取值分别为 ES(终端系统)、IN(中间节点)和 W(链路)中的一种，在不同的安全区域上，对安全的评估也不相同；EAL(evaluation assurance level)为安全服务功能的可信度；w 为一个相对的权值，反映不同安全服务的优先级，可以用来计算用户对安全服务的满意度。

安全服务质量既可以用来表示用户对安全服务的需求，也可以表示安全系统实现的安全服务。当用来表示安全需求的时候，QoSS(SML，Security_Model)表示用户期望得到的安全服务质量；否则，表示用户实际得到的服务质量。两者之间的差距称为服务质量差距，从而可以得到用户对安全服务质量的满意程度。

服务质量差距可以用来判断系统安全机制的安全性，通过上节介绍的服务质量差距可以对 DSCT 进行安全性能评估。异构网络下垂直切换过程中的安全上下文转移主要影响如下安全服务。

① 访问控制服务。包括用户身份的标志、授权、访问控制的决策和实施等服务。DSCT 使用 AAA 认证机制来保障对网络的访问具有可信度，同时相关报文的请求都处于可信链路上，因此这种方案并没有降低系统中访问控制服务的质量。

② 数据保密服务。包括数据保护、隔离等服务。DSCT 方案中没有特别考虑到数据保密服务的需求，而是采用原来网络中已有的数据保密机制，如 IPSec 安全机制。

③ 数据完整性服务。包括防止非授权数据修改、非授权修改的检测，以及记录等服务。DSCT 对于数据完整性服务的处理和前面数据保密服务的处理是相同的。

④ 可用性服务。包括入侵防护和防止 DoS 攻击等服务。在接入网络的时候，需要对用户的身份进行严格的验证，通过这种方式来使得系统中的合法用户限制在一定的范围之内。同时，由于 DSCT 中加入了安全验证，这也解决了原来上下文过程中可以通过不断的请求上下文转移来造成服务不可用的问题。

⑤ 不可否认服务。包括发送和接收数据的不可否认性，以及审计等服务。同样，采用 AAA 服务机制，使网络中的实体不能够否认其发送和接收的报文，同时具有审计等服务。

可以将上面的这些安全服务看作 DSCT 中的多个安全服务质量。采用 $<\text{NS}_1, \cdots, \text{NS}_n>$ 表示现在用户可以获取的安全服务，用 $<\text{PS}_1, \cdots, \text{PS}_n>$ 表示以前系

统可以提供的安全服务。QoSS 指标参数可以表示为

$$P_{ij}^{\text{NS}} = \text{NS}_i \cdot \text{QoSS(SML,Security\_Mode)} \cdot \text{para}_j \tag{7-3}$$

$$P_{ij}^{\text{PS}} = \text{PS}_i \cdot \text{QoSS(SML,Security\_Mode)} \cdot \text{para}_j \tag{7-4}$$

由于此参数在一定的范围之内，也就是说，异构网络系统中含有必须满足的安全条件，同时也有在安全服务成本限制下的最高服务质量。

设

$$g_{ij} = \frac{P_{ij}^{\text{NS}} - (P_{ij}^{\text{PS}})_{\min} + \alpha}{(P_{ij}^{\text{PS}})_{\max} - (P_{ij}^{\text{PS}})_{\min} + \alpha} \tag{7-5}$$

其中，α 为安全服务质量可选范围内的变化值；$i = 1, 2, \cdots, n$；$j = 1, 2, \cdots, l_i$。

计算出每个 g_{ij} 后，可以得到用户对 DSCT 的安全服务满意程度 A，即

$$A = \frac{1}{n} \sum_{i=1}^{n} \left(\frac{1}{l_i} \sum_{j=1}^{l_i} g_{ij} \right) \tag{7-6}$$

根据前面的分析，由于在 DSCT 中引入了具有高可信度的 Diameter 协议作为其安全机制，多项安全服务得到了提高，从而使 $A>1$。也就是说，采用 DSCT 的异构系统将具有更高的用户满意度。如果知道异构网络环境下具体的安全参数，还可以得到 A 的具体值。

具体的，相对于竞争对手 Radius 协议而言，Diameter 协议采用可靠的传输层协议(如 TCP、SCTP)来传输认证等数据，并具有重传机制，这都使 Diameter 协议改善了传输的可靠性。另外，Diameter 协议进一步采用有效的机制来保证网络的可靠性，如传输层的错误监测和应用层/协议层的错误处理。Diameter 对端可以通过发送 Device Watchdog Request 消息来探测对端的状态，对端则可以通过 Device Watchdog Answer 来回应。如果在一定的时间内没有收到对应的报文，Diameter 将发生状态回滚。当节点由于协议处理出错的时候，可以在标志位设置 E 标志，同时在 AVP 中指明相应的原因。中间的代理等节点收到此报文后，可以向发送端回应此报文。可以看到，相对基于 Radius 协议的方案，基于 Diameter 协议的上下文转移在可用性和数据完整性方面都有了很大的提高，同时也提高了对应的安全服务质量，从而得到更大的 A 值，提高整个系统的安全性。

需要说明的是，安全程度的提高一般会对系统的其他性能造成负面影响。也就是说，当提高安全性的时候，可能需要牺牲其他类型的服务质量，如网络传输性能等。在 DSCT 方案中，由于通过 Diameter 协议来保证上下文数据的传输，因此会降低切换时延，提高系统性能。

2. 基于串空间模型的协议安全验证

自从 Thayer、Herzog 和 Gunman 提出串空间模型以来,串空间模型因其简洁、直观的特性在安全协议验证和分析等领域得到了广泛的应用,可以使用串空间等技术有效地对安全协议进行形式化证明。

为了简单,在 DSCT 方案中,我们认为通信报文在 AAA 服务器之间的传递是安全的。也就是说,认证数据在 AAAL 和 AAAH 之间的报文传递是安全可靠的。DSCT 的简化串空间模型如图 7-17 所示。

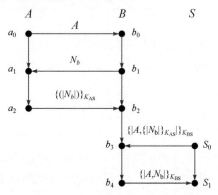

图 7-17　DSCT 的简化串空间模型

为了方便,分别使用 A、B 和 S 代表异构网络中的 MN、nAR 和 AAA 认证域服务器实体。DSCT 协议的形式化描述如下。

① $A \to B : A$。

② $B \to A : N_b$。

③ $A \to B : \{(|N_b|)\}_{K_{AS}}$。

④ $B \to S : \{|A, \{|N_b|\}_{K_{AS}}|\}_{K_{BS}}$。

⑤ $S \to B : \{|A, N_b|\}_{K_{BS}}$。

其中,N_b 为 nAR 产生的随机值(如时间戳);K_{AS} 和 K_{BS} 表示网络实体 A 与 S,以及 B 与 S 之间的密钥。

这样可以得到 A、B 和 S 的迹。移动端串的迹为

$$< +A, -N_b, +\{|N_b|\}_{K_{AS}} > \tag{7-7}$$

接入端串的迹为

$$< -A, +N_b, -\{|N_b|\}_{K_{AS}}, +\{|A, H|\}_{K_{BS}}, -\{|N_b|\}_{K_{BS}} > \tag{7-8}$$

服务器端串的迹为

$$< -\{|A, \{|N_b|\}_{K_{AS}}|\}_{K_{BS}}, +\{|A, N_b|\}_{K_{BS}} > \tag{7-9}$$

其中，$A, B, S \in T_{\text{name}}; N_b \in T, N_b \notin T_{\text{name}}; H$ 表示 $\{|N_b|\}_{K_{AS}}$，是接入端无法解密的密文。

在串空间模型中，对通信端的成功认证需要满足下面的条件，即对于每个连接请求，使用 B 串上的所有消息与所认为的 A 完成一轮协议执行时，确实存在唯一的移动端 A。

以接入端 B 为例，说明在 DSCT 中可以成功的认证通信对端。$K_{AS}, K_{BS} \notin K_X$，$K_X$ 是攻击者所掌握的秘钥集合。同时，N_b 由接入端 B 唯一产生。具体分析如下。

① 构造测试分量。响应者串 $s = \text{Resp}[A, B, S, N_b]$，因为 N_b 由节点 b_1 唯一产生，所以可以将 $\{|N_b|\}_{K_{BS}}$ 作为 N_b 的测试分量，并将 $b_1 \Rightarrow^+ b_4$ 作为 N_b 的入测试。

② 可以得到存在正常节点 $n, n' \in C, \text{term}(n') = \{|N_b|\}_{K_{BS}}$，同时 $n \Rightarrow^+ n'$ 为 N_b 的转换边。

③ 节点 n 必属于某一服务器串 s'，设 $s' = [N', A', B', S']_b, \text{term}(<s', 2>) = \{|A, N_b|\}_{K_{BS}}$。

④ 比较 $\text{term}(<s', 2>)$ 和服务器串中的相应分量，可以得到 $B = B'$，$N_b = N'_b$，$N_b = N'_b$。

可以知道，接入端在切换的时候也对移动端的身份进行了验证，证明 DSCT 方案在上下文转移过程中认证安全的完整性。

本节首先采用安全服务视图模型对 DSCT 方案的安全性进行了描述。在 Diameter 协议的参与下，切换时的上下文报文可以得到其认证后的安全保护。另一方面，基于串空间模型对 DSCT 方案的认证安全属性进行了验证，可以有效地对移动端进行认证。

参 考 文 献

何磊, 2012. 基于 3G、WLAN 和无线 Mesh 网络融合的异构网络安全技术研究. 长沙: 国防科技大学博士学位论文.

王堃, 吴蒙, 夏鹏锐, 2013. 异构网络的安全威胁分析. 计算机科学与技术, 5:20.

吴蒙, 季丽娜, 王堃, 2008. 无线异构网络的关键安全技术. 中兴通信技术, 4(3):32-37.

周伟, 2009. 异构网络中的移动管理和安全机制研究. 合肥: 中国科学技术大学博士学位论文.

Jeedigunta V, Song O, 2007. A novel method for authentication optimization during handover in heterogeneous wireless networks//International Conference on Communication Systems Software and Middleware.

Marti S, 2000. Mitigating routing misbehavior in mobile Ad Hoc networks//Proceedings of the ACM/IEEE International Conference on Mobile Computing and Networking.

第 8 章　多维网络终端及应用

8.1　多维网络终端结构

8.1.1　多维网络终端结构

　　网络终端节点简称终端节点，是任何进出网络的信息的节点，是网络信息传递的处理界面或应用界面，只有通过终端才能实现各种形式的有效信息传递，从话音到图像，从文本传递到计算实现等。计算机显示终端伴随主机时代的集中处理模式而产生，并随着计算技术的发展而不断发展。网络终端是指以网络为通信平台与服务器进行通信的终端，显示终端的延伸与发展，是计算机显示终端的新成员，是为了适应计算机网络的发展而开发的新的网络产品。现在的网络环境多为 IP 网，网络终端又被称为 IP 终端，根据终端协议和连接服务器的不同又可分为 Windows 终端、Unix 终端、浏览器终端等多种类型。

　　在这种新的网络计算模式下，所有的应用软件和数据都在服务器上运行和存储，网络终端几乎不做任何计算，因此可以没有硬盘、光驱等设备，也不必有强大的 CPU。它可以简化到只有显示器、键盘、鼠标，多的可有密码键盘、IC 卡读卡机和其他的身份验证设备。

　　网络终端就是实现传送的信息和信道上传送的信号之间互相转换的设备系统。在网络系统中通常体现为一个节点，故从整个网络的角度而言，它与网络实现了互连，我们称之为网络终端节点，简称终端节点或终端系统。

　　终端节点的主要功能是实现信息和信号之间的互相转换；接收信息将信号恢复成能被利用的信息；处理信号使其与信道匹配；产生和识别与网络节点及其他终端节点有效联系的约定规程信号，如寻址信号、控制信号，以及联系信号等。

　　图 8-1 中的传感器就是数字、数据的输入和输出设备。前者把消息转换成电信号，实现其相逆过程。其类型由待传送的信源和接收消息的信宿而定。最常用的输入设备是键盘,通过操作键盘来产生各种双值电平信号。当信源是存在磁带、磁盘或计算机内存中的数据时，则用接口设备来提取并转换成电信号。

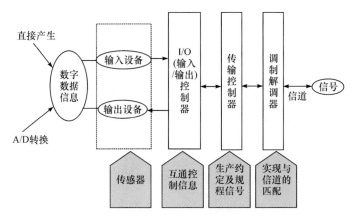

图 8-1　网络终端的结构

调制解调器是为了完成与信道匹配功能的部件。当信道具有带通特性时，数字基带信号常需通过调制器转换成某一频带的信号。用了调制器后，接收端就必须有解调器把信号还原供信宿使用。调制器和解调器合称为调制解调器，因此调制解调器可以在双向传输时与信道配合。有时信道也能传送基带信号，但直流通路往往是为了输送电源电流或作为控制信号使用，此时也须用调制解调器。当信道半双工方式工作时，收发信号在同一线路上，一般采用分时方式，即发送时不接收，接收时不发送，就需要一个控制机构。线路上传送的通常是串行数据信号，要与并行输出的计算机接口时就需串并转换设备。

输出输入控制器的主要作用是在输出输入设备和传输控制电路之间互相控制信息。当输入设备中有信息要传送时，先给控制器一个请求信号。当控制器中的存储器有空或有空闲线路可以发送时，就给输入设备一个应答信号，输入设备就把信息送入；反之，当从信道上收下来的信息要向输出设备输出时，先发一个信号指明要送至哪一个输出设备，使输出设备做好准备并应答，然后输出设备就把信息转换、打印或显示出来。同样，输出输入控制器可向传输控制电路要求送出信息，经确认后就可输出，当然也可完成输出和输入功能的切换，即发送完信息后转入接收状态，准备接收线路上送来的信息。实际上，该控制器主要监视设备的输入输出等状态，并完成内部规程和控制信号的产生和识别，以使信息的输入输出有效地进行。

8.1.2　多维网络终端分类

网络终端节点可以由多种不同的终端设备或系统来实现。除了传感功能由所传送的信息的性质来决定，其他功能的实现在不同的终端系统中的差别是很大的，而这些功能与网络本身的关联程度高，对网络的影响也非常大。从理论上讲，终端的统一或者说综合化,对网络的应用、运行、效益和管理都是非常有利的。计算机技术和软件技术的进步为终端的综合化提供了极好的基础和条件。在介绍综合终端之前,我们先看看终端系统的种类和发展趋势。

按网络的连接方式,终端可以分为有线终端和无线终端。有线终端通过有线的连接方式与网络进行连接,可以是点到点的连接,也可以是通过接入系统(接入网)进行连接,如电缆接入、光缆接入等。无线终端是指通过无线信道方式接入网络的终端,如移动电话、车载电话等。

按信息的处理形式,终端可以分为模拟终端和数字终端。模拟终端对信息和控制信号采用模拟电路方式进行处理和控制,如早期的电话机、电报机等。数字终端采用数字电路对信息和控制信号进行计算和处理,所有信号都是数字信号,如数字话机、传真机等。随着技术的进步,数字终端逐渐引入微处理芯片和软件编程,实现了一定的程序控制,为数字终端的进一步发展打下了基础,如图 8-2 所示的数字电话机结构。可以看出,它具备一个计算机的基本结构,且各个部件都在微处理器的控制之下。熟悉计算机结构和系统的读者都知道,其功能完全可以用计算机来实现,因为计算机的软件和硬件是等价的。

按操作方式可以分为人工终端、可编程终端,以及智能终端。人工终端是用户通过操作终端实现信息传递功能,一般说来这种终端的功能相对简单。可编程终端可以在编程控制下实现多种信息的传递,并支持一定的应用,如数字电话、可视图文终端、可视电话和会议电视等。智能终端是终端的发展方向,不但能完成以往终端的全部信息通信功能,而且具有很强的信息处理和计算能力,甚至具有基于信息传递的过程管理和一定的决策推理能力,它将网络的应用推向一个新的阶段。

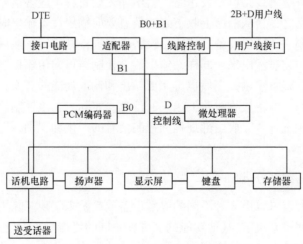

图 8-2　数字话机结构

　　终端系统从功能上可以分为用户终端和服务终端。用户终端主要用于实现网络业务与应用的通信活动，以及活动本身的运行，如接入网络的用户电脑。服务终端主要用来实现网络信息传递过程中的控制、存储及管理功能的终端系统，如数据库服务器、DNS 服务器、邮件服务器、网络管理服务器等。

　　计算机系统是网络终端的基础系统，可以实现各种信息通信活动、网络业务及分布式计算等，甚至各种终端的实现。我们完全可以用它来实现网络终端的全部功能，并随着技术的进步在其基础上实现终端的智能化。

　　根据计算机理论中的软件和硬件等价原理，终端系统功能除 A/D 和 D/A 等传感器功能和信号匹配接口电路，其他的很多功能完全能用软件实现。特别是，在数据网络中，终端的计算能力是非常重要的。如图 8-3 所示，终端借助计算机硬件的标准化特性及系统开放特性得到很大的发展。网络业务及应用实现的多样化、个人化和智能化是离不开计算机系统的，软件技术使终端具有更强大的功能和更好的灵活性，使新业务和新功能的实现更加容易。目前，我们能用计算机系统实现从话音通信到可视电话的网络业务，只要在一定的网络条件下给计算机配备不同的软件即可。在终端系统领域的开发中，软件占据主导地位。

　　网络终端一般具有电子邮件、文件传送、信息查询、远程登录和会话等功能，技术性能如下。

　　① 数据处理功能。网络终端应具有一定的本地数据处理能力，以支持 client/server 应用。

　　② 图形处理功能。为支持 Windows 图形用户界面，网络终端应具有较强的图形处理能力，支持多彩色(16 色以上)或多灰度图形显示，分辨率可达 800 × 600以上。

　　③ 网络功能。由于国内计算机网络占主导地位的是局域网，以及由局域网互联构成的广域网，因此网络终端应定位为局域网环境。在硬件上，网络适配器是网络终端必备的主要部件。在软件方面，网络终端应能在多种网络操作系统下运行，这就要求网络终端具有灵活的网络连接功能。

　　④ 外设接口。为满足各种应用的要求，网络终端应具有必要的外设接口，如各种打印机、密码键盘、磁卡读写器、IC 卡读写器、条码阅读器等。

　　⑤ 存储接口。为了保证安全性和可靠性，网络终端一般提供存储接口。

　　⑥ 汉字终端仿真支持。鉴于国内计算机应用主机/终端模式与 client/server 模式并存的局面，网络终端还应提供对汉字终端主流产品的仿真支持，使用户能够从传统模式应用向 client/server 应用实现平滑过渡。

⑦ 网络引导功能。支持从 NetWare、Windows NT 及 Unix 等网络服务器下运行网络引导功能，从而实现数据集中管理，并降低网络系统的软件管理维护成本。

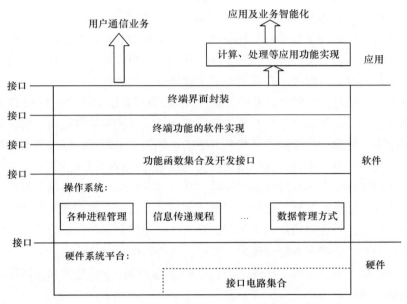

图 8-3　计算机终端结构及发展趋势

网络终端的发展趋势如下。

① 从技术层面讲，数据处理模式将由分散模式演变为集中模式，用户界面将更加友好，可管理性和安全性也将显著提升。此外，通信和信息处理方式也将全面实现网络化，且能够实现系统扩展能力和跨平台能力。

② 从应用形态讲，网络终端设备将不再局限于传统意义上的桌面应用环境，随着连接方式的多元化，它既可以作为桌面设备使用，也可以以移动和便携方式应用在生活中，终端设备会呈现多样化的产品形态。此外，随着跨平台能力的扩展，为了满足不同系统应用的需要，网络终端设备也将以众多的系统和种类出现。

③ 从应用领域讲，符号终端和图形终端时代的终端设备只能用于窗口服务行业和柜台业务的局面将不复存在，网上银行、网上证券等非柜台业务广泛采用网络终端设备，同时网络终端设备的应用领域还会迅速扩展至新兴的非金融行业。

8.2 多维网络终端功能

8.2.1 多维通信终端功能

1. 应急通信车

应急通信车是一种移动型通信系统终端，应用于应急指挥现场的车载平台，通过搭建应急指挥通信网络，及时处理现场传输过来的语音、视频、照片等有效信息，实现现场多种不同制式、不同波频段通信网的互联互通。同时，通过远程指挥中心之间的通信，组成一体化的应急指挥平台，进行全面、高效的指挥和调度。

应急通信车一般利用现有车辆根据需求改装而成，包括车辆本身、车载通信平台和现场实时监控等部分，如图 8-4 所示。车辆本身主要是指改装成为应急通信指挥车的车辆。作为应急通信车的基础，其功能主要为搭载和运输通信平台。车载通信平台部分通常是指改装后车辆上增加的信息接收和传输设备，主要包含电源设备、通信设备、传输设备(天线设备)、天线桅杆(塔)、空调设备、接地系统(防雷)、多媒体设备、灯光设备等，是构成应急通信平台、实现应急通信功能的核心设备和辅助设备的主体。现场实时监控部分通常是指改装后的各项监测和控制系统，主要由车内监控系统、通信监控系统和车外环境监控系统组成。

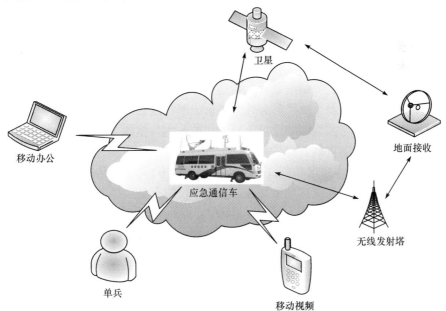

图 8-4 应急通信车示意图

应急通信车主要有应急指挥平台综合应用、长距离卫星通信、高清多路视频会议、现场无线自组织网络全覆盖、图像传输与接收、语音通信与综合调度指挥、光纤接入、公用电话网络接入、卫星 GPS 导航定位、野外供电、现场照明广播等功能。

从功能来看,应急通信车的主体是通信网络系统。此外,还有安全保障系统、卫星导航定位系统等辅助系统。通信网络系统包括卫星通信子系统、公用电话网通信子系统、现场覆盖无线自组织网状网子系统、光纤通信子系统、语音通信与综合接入调度指挥子系统、计算机网络系统、高清多路视频会议系统、图像传输与接收系统等。卫星通信子系统根据发射天线的移动性可分为动中通卫星通信系统和静中通卫星通信系统两大类。现场覆盖无线自组织网络系统通过网络自组织等技术在现场快速搭建应急通信网络。光纤通信系统是有线通信系统,在应急中作为无线通信的补充。语音通信与综合接入调度指挥子系统能够提供语音通信业务并实现多种制式的通信系统的融合互通。计算机网络系统能够构建车载局域网,实现应急通信车间的通信传输。高清多路视频会议系统是现场与上级指挥中心之间进行视频会商、处置决策的基础。图像传输和接收系统通信以网络将现场图像采集回传为基础。安全保障系统实现保护网络安全和信息安全的功能,防止非法侵入应急通信网络。卫星导航定位系统主要由卫星定位装置、导航软件及显示终端组成。

2. 多维通信指挥终端

目前已有的指挥系统存在几点问题:一是集中式组网,移动性差,导致"静中通"的现象,一旦处于高速移动的状态下,前端与指挥中心就失去联系,从而指挥中心将失去前端的一切信息;二是通信方式单一,一般使用卫星通信,不但成本高,而且当网络发生故障时会处于通信中断状态;三是当前指挥系统在使用过程中,缺乏系统与系统间的重组,导致前端车辆与指挥中心或其他前端车辆断开联系之后无法自动重新获得联系。

针对以上问题,多维通信指挥箱融合多种通信方式,不再依赖单一卫星通信,能迅速布控组网,在高速移动等复杂环境中不仅能保持网络的畅通,实现文字、高清图像,以及动态视频等信息的实时传输,同时能实现网络的自动重组,实现用户不断网,可以从根本上解决指挥调度"静中通"的问题。

多维网络是 4G 移动通信网络、卫星通信网络、WIFI、数传电台,以及有线网络等多种网络的融合,能实现多种通信方式的融合通信,保障整个指挥过程网络畅通。当事故发生时,指挥中心立即标注事故发生地点,同时下达援救命令,带有多维通信指挥系统的移动车辆在收到救援命令后立即奔赴事故现场,并将现场情况以图像、语音，以及视频等方式通过多维网络传送给指挥中心，移动车辆之间也可相互交流现场救援状况，从而使指挥人员对现场情况了如指掌。图 8-5 为多维通信指挥箱示意图。

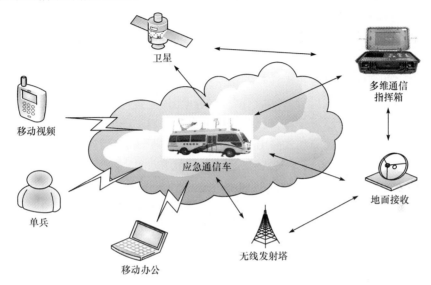

图 8-5　多维通信指挥箱示意图

8.2.2　多维路由终端功能

移动 Ad Hoc 网络是一种新型的无线网络，不依靠任何固定基础设施，每一个节点都具有路由转发功能。在网络中，由于节点的能量和通信范围具有有限性，当源节点需要发送数据时，目的节点也许不在源节点的直接传输范围，这就需要依靠其他节点对数据包进行中继转发，因此路由是移动 Ad Hoc 网络中非常重要的一部分。

路由协议是一套数据引导机制，在将数据引向目的节点的同时需要减小网络开销，提高网络资源利用效率并增加网络吞吐量。在实际的网络场景中，主要考虑网络中端到端时延、数据包投递率、网络平均吞吐量、路由开销等因素。

在诸多 Ad Hoc 网络的应用场景中，如紧急救援、战备通信，有大量的多媒体数据传输需求，而这些需求需要更多的带宽和时延。传统的移动 Ad Hoc 网络已无法满足要求，因此需要研发出新的路由来满足全新的业务需求，而多路径路由正好可以解决这一问题。

按照路由建立的方式，移动 Ad Hoc 网络可以分为表驱动式路由协议、按需路由协议和混合式路由协议三类。

(1) 表驱动式路由协议

表驱动式路由协议又叫先验式路由协议，是一种基于表格的路由协议。其基本原理是，网络中的每一个节点都维护一张路由表。此表可以反映该网络最近变化的其他所有节点的路由信息，并随时更新路由表信息。这种路由协议的优点是，每一个网络节点都拥有整个网络的拓扑结构，当源节点需要发送数据时，源节点可以在路由表中快速发现到达目的节点的可用路由。这种协议的一个显著缺点就是路由维护开销过大且可扩展性较差。

表驱动式路由协议可分为邻居节点检测和路由广播两个过程。节点通过周期性的发送 HELLO 分组来探测自己的邻居节点，并以洪泛的方式向全网发送路由广播。目前，常见的表驱动式路由协议主要有目的距离矢量路由协议(destination-sequenced distance vector，DSDV)、最优链路状态路由协议(optimized link state routing，OLSR)和无线路由协议(wireless routing protocol，WRP)等。通过修改这些路由协议可以适应移动 Ad Hoc 网络，在一定程度上提高网络的性能。这些路由协议主要在两方面存在差异：一是路由表在数量上存在差异；二是网络拓扑变化信息传播方式上存在差异性。

(2) 按需路由协议

按需路由协议又被称为反应式路由协议。在该协议中，不需要所有节点都维护网络路由信息，只有当数据需要传输时，源节点才发起路由请求。此协议最大的优点就是不需要进行周期性地广播路由，也不必每个节点都维护其他节点的路由信息，可以节约移动 Ad Hoc 网络宝贵的网络资源，减小网络开销，但缺点是在路由发现阶段会造成较大的网络时延。按需路由协议可以分为源路由协议和逐跳路由协议。在规模较大且节点具有高速移动性的 Ad Hoc 网络中，源路由协议的每一个数据包的包头中都包含完整的地址信息，这大大降低了源路由协议的效率。但是，在逐跳路由协议中，每个数据包只需携带两个信息，首先就是目的节点 IP，其次就是下一跳节点 IP。因此，逐跳路由协议更适合网络结构动态变化的 Ad Hoc 网络。典型的按需路由协议有按需路由协议、AODV 等。

(3) 混合式路由协议

混合式路由协议是表驱动式路由协议与按需路由协议的结合，在增加少量路由开销的情况下，使用表驱动式路由协议与按需路由协议进行路由寻找。ZRP(zone routing protocol)就是一种混合式路由协议。

移动 Ad Hoc 网络的路由协议还可以从其他不同角度进行类别的区分。根据网络结构，移动 Ad Hoc 网络的路由协议还可以划分为平面式路由协议和分簇型路由协议，以上路由协议均为基于平面式网络架构的路由协议。此外，还有基于分层架构的分层式路由协议，如簇头网关路由协议 (cluster-head gateway routing protocol，CGRP)，但它属于表驱动路由协议。根据源节点与目的节点之间的路径数目，可以将移动 Ad Hoc 网络的路由协议分为多路径路由协议和单路径路由协议。移动 Ad Hoc 网络的路由协议分类如图 8-6 所示。

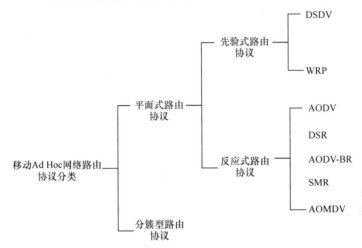

图 8-6　移动 Ad Hoc 网络的路由协议分类

8.3　应急网络应用

8.3.1　应急网络的定义

应急网络是指在发生社会安全事件或自然灾害等紧急情况时,群众告警、政府实施救助与安抚、开展应急指挥调度、保障救援等发生应急通信措施的基础。

应急网络主要应用于突发事件通信中。它本身并不是一种全新的技术，而是通过网络的融合、切换，形成多维应急网络，并可进行突发事件下的紧急通信。

应急通信不单是纯粹的技术方面的问题，还涉及管理运行方面。应急通信因为其不确定性，对通信网络和搭载设备有一定的特殊要求，这些网络和设备从技术方面为应急通信提供了通信技术手段的保证。在管理方面，应急通信还需建立更加完善的应急通信管理体系,对于不同的使用场景,建立快速高效的响应机制，调度最佳的通信资源，提供最及时有效的通信业务。

应急通信是整个国家应急保障体系不可或缺的组成部分。随着国家经济的快速发展，国民生活水平的日益提高和科技的不断进步，加上城市人口密度和流动性不断加大，各种公共突发事件和个人紧急情况发生的频率也不断提高，同时造成的影响也越来越大。经济越发达，突发公共事件造成的损失越大，产生的社会影响也越严重。合理应对重大突发事件的能力是衡量一个城市是否现代化的重要标准，同时也关系到人民生命和财产安全，甚至国家安危。近年来，我国格外重视应急通信体系建设，而应急指挥系统作为应对城市突发事件的重要工具发挥着越来越重要的作用。

8.3.2　国内外应急通信系统建设现状

1. 美国应急通信现状

美国幅员辽阔，自然环境和地理特征复杂，历史上曾多次遭受地震、洪水、飓风、大火等自然灾害的侵袭。同时，经历了两次世界大战的战时安全应急保障，以及恐怖袭击等重大事件，美国应急管理体系正在不断调整战略方向，并逐步走向完善。

在突发公共事件或紧急情况下，政府与政府之间、政府与公众之间、个人用户之间，以及应急现场的指挥、调度和协调都离不开应急通信保障能力。突发事件处理和应急管理经验表明，应急通信技术和系统已成为突发事件与紧急情况处置的核心支撑力量，其完善程度直接影响应急响应的效果和效率。

美国的应急通信技术和系统主要包括卫星通信系统、基于公用电信网应急通信系统、集群应急通信系统和军事应急通信系统。

(1) 卫星通信系统

卫星由于不受地理环境限制，具有覆盖范围广、无线连接等优势，成为紧急情况下通信保障的重要手段。以美国为代表的北美地区卫星通信技术非常发达，仅美国截至 2010 年年底，就发射了 1815 颗卫星，其中很大一批目前还在服役，这为北美地区突发事件下的通信保障提供了强大的技术支撑。在紧急情况下，通信卫星、广播卫星、导航卫星和遥感成像卫星等都能发挥重要的应急通信作用。例如，通信卫星可以在紧急情况下为广大用户提供语音、数据、视频等多媒体服务；广播卫星可以帮助政府开展预警信息颁布、灾害信息发布、安抚受灾群众等工作；导航卫星可帮助地面救援队伍和受灾群众进行精确定位，提高救援效率；遥感成像卫星可对受灾地区实时监控，获取受灾地区的图像，了解灾情。比较知名的卫星系统有铱星通信系统、全球定位系统、全球星通信系统等。

① Motorola 公司在 1987 年提出铱星通信系统的构想，并于 1992 年成立铱星公司，1998 年开启商业运营。它是最早提出并被人们了解的低轨道卫星系统。该系统实现了全球覆盖，并应用数据处理和交换、多点波束天线、星际链路等先进

技术, 利用关口站实现了卫星通信网和地面蜂窝移动网之间的互通, 从而为用户提供全球化通信服务。

目前由于铱星通信系统全球覆盖和信息保密等特点, 该系统得到政府快速反应部门、抢险救灾、指挥调度、军队、海事、航空、政府机构、能源、科考、林业、矿业等野外用户的青睐, 在应急现场、偏远山区、登山、南极科考活动中都获得了应用。

② 美国全球定位系统源于 20 世纪 70 年代, 从 1978 年的第一颗 GPS 发射后, 历经 20 多年的发展, GPS 现在已经成为全球应用最广泛的卫星定位系统。GPS 主要由空间控制、地面控制和用户终端设备组成, 具有精确度高、24 小时、全球范围覆盖、定位快速精准、操作简单等优点, 用途主要包括人员和车辆导航、应急指挥调度、应急救援导航、地理信息系统、城市规划、建筑测量、工程测量、变形监测、地壳运动监测等地面应用, 船舶导航、航线测定、船只用时调度与定位、海洋救援、水文测量、海洋勘探平台定位、海平面升降监测等海洋应用, 以及飞机导航、低轨卫星定轨、低空飞行器导航和定位、航空遥感姿态控制、导弹制导、航空救援, 以及载人航天器防护探测等空中应用。

GPS 在全球范围内得到大规模应用, 相关的技术和应用已经形成规模庞大的产业群体。GPS 已经融入国防、灾难预防和管理、应急救援、日常生活等各个领域。随着人们对高科技产品需求的不断增加, GPS 的应用前景将更加广阔, 其带动的产业规模也将继续扩大。GPS 卫星拓扑如图 8-7 所示。

③ 全球星通信系统是美国劳拉公司和高通公司倡导发起的低轨道卫星移动通信系统, 1999 年开始商业运营。目前, 由于全球星系统灵活的终端性、与公用电信网的互通, 以及较低的使用费用等特点, 在政府专网、军事、紧急救援、灾害应急、石油、煤气、矿业、交通运输和偏远地区得到了很好的应用。

(2) 集群应急通信系统

集群应急通信系统作为专用网络, 其网络覆盖范围要小于卫星通信网和公用电信网, 但集群通信系统具有组网灵活、响应速度快、群组通话方便等特点和优势, 非常适用于紧急情况下的应急指挥调度和抢险救灾等工作。

在北美地区, 应用最广泛的集群通信标准是集成数字增强型网络(integrated digital enhanced network, iDEN), 是美国 Motorola 公司的产品。2003 年, iDEN 在美国实现了全覆盖, 获得企业用户、政府、警察、指挥调度、应急救援等部门和机构的青睐。

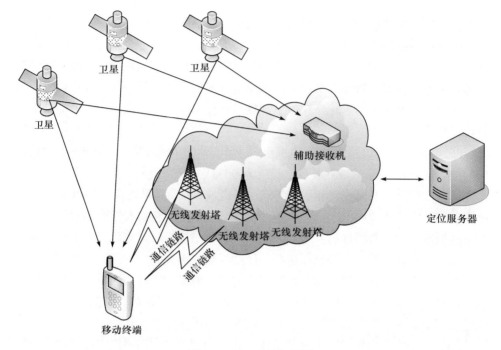

图 8-7　GPS 卫星拓扑图

2. 欧洲应急通信现状

　　欧洲非常重视应急管理体系建设。在应急救援管理机构方面，欧洲各国形成了较为完善的中央、地方两级应急管理体系，大部分欧洲国家由政府负责应急管理和处置，个别国家，如瑞士由外交部负责应急管理。经过多年的发展，欧洲主要国家均建立了国家级的紧急情况救援指挥中心，并有部分国家设置了区域性的紧急情况救援指挥中心。由于欧洲国家对突发事件情况处置的教育和培训非常重视，目前各国已经逐渐形成完善的营救救援培训和教育制度。应该说，欧洲已经建立了完善的紧急救援管理机制，具备了强大的应急反应和处置能力。

　　欧洲应急通信系统的发展也处于世界领先水平，在卫星通信系统、集群应急通信系统，以及军事通信设施建设等方面都取得了很好的成果。

　　(1) 卫星通信系统

　　欧洲卫星通信系统的发展和建设虽然与美国相比还有一定差距，但也处于国际领先水平。欧洲各国独立或合作建设了很多高性能的卫星通信系统，这些系统在紧急情况下可以提供预警灾情卫星广播、指挥调度通信、抢险救援导航定位、获取灾情遥感卫星图像等能力，如 Hot Bird、伽利略、SkyBridge 等卫星系统为广大用户所熟知。

(2) Hot Bird 直播通信卫星系列

欧洲通信卫星公司的 Hot Bird 直播通信卫星系列可以为欧洲地区提供卫星电视直播和宽带通信业务。Hot Bird 直播通信卫星的在轨位置随着业务的发展需要不断调整。借助 Hot Bird 直播通信卫星系列强大的电视广播能力，在紧急情况下可以实现对灾害预警信息、灾情信息和政府公告等消息的广播颁布，帮助政府或救援机构实现在紧急情况下对广大公众的宣传、安抚、指导、告知等大范围的信息颁布能力。

(3) 伽利略全球导航卫星系统

欧洲近年来一直致力于发展欧洲导航卫星系统,并于 1999 年开启了伽利略全球导航卫星系统项目。伽利略全球导航卫星系统建成后，可以为用户提供高精度的导航、定位信息，在抢险救灾、指挥调度、海洋救援、公路、铁路、海事、民航等方面广泛应用。

(4) SkyBridge 通信卫星

SkyBridge 是法国发起的低轨道卫星移动通信系统，在宽带接入方面具有明显的优势，可在全球除两极外的大部分地区实现高度互联网接入。这些音频、视频和数据通信能力将有效的支持用户在紧急情况下的应急通信能力，为灾情或突发事件的指挥、调度、救援提供帮助。

3. 集群应急通信系统

全欧集群无线电(trans European trunked radio，TETRA)是欧洲最具代表性且应用最广泛的数字集群标准，由欧洲电信标准协会于 1995 年公布。TETRA 系统最初是针对欧洲公共安全的需求设计开发的，适用于特殊部门，如政府、军队、警察、消防、应急救援、突发事件管理等机构的现场指挥调度活动。目前，TETRA 系统被欧洲国家广泛采用，同时在美国、俄罗斯、中国、日本、澳大利亚、新西兰和新加坡等众多国家得到应用。

4. 我国应急通信现状

我国面积广阔，自然灾害和突发事件形式多样且频繁，为有效开展应急管理和救援，我国颁布了一系列相关法律、法规，应急管理的法律体系正趋于完善。我国应急通信系统建设工作自 20 世纪 90 年代以来得到了较快的发展，并在卫星通信系统、基于公用电信网的应急通信设施、集群通信系统和部分专用通信系统等方面取得了一定的进展。客观来说，由于我国应急通信系统建设起步较晚，现有的应急通信设施还需进一步完善，应急通信系统的能力仍存在不足。例如，我国虽然建设了部分具有自主产权的实用卫星通信系统，但这些系统主要还是以广播通信类卫星为主，直接提供语音/视频通信的卫星系统较少。在应对重大灾害或突发事件情况时，国外卫星通信系统设备还占据主流位置。另外，虽然我国各部门、各级政府纷纷建立了应急通信保障队伍和设施，但这些系统的功能相对单一，科技含量也不是很高，其规模和能力还有待进一步加强。

(1) 卫星通信系统

我国广播电视直播卫星和北斗定位卫星系统是目前规模较大的，且在应急通信领域具有实际应用的卫星系统。另外，一些国际化的卫星系统，如海事卫星等在我国应急通信领域也有较好的应用。

(2) ChinaSat 卫星系列

ChinaSat 卫星系列主要包括中卫 1 号(ChinaStar-1)、中星 6B(ChinaSat-6B)和中星 9 号(ChinaSat-9)。该系列卫星主要实现广播、电视类服务，由中国卫星通信集团有限公司管理运营。

中卫 1 号覆盖我国和南亚、西亚、东亚、中亚及东南亚地区，可为国内及周边国家提供通信、广播、电视及专用网卫星通信业务。中星 6B 通信卫星覆盖亚洲、太平洋及大洋洲，可传送 300 套电视节目。目前，中星 6B 承担着中央电视台，各省市电视台、教育电视台及收费频道等电视节目和语音的广播。中星 9 号通信卫星覆盖全国 98%以上的地区，接收天线体积小，得到广泛应用，特别是在"村村通"工程中为广大偏远山区和无电视信号地区提供了丰富多彩的电视、广播节目。

ChinaSat 卫星系列在紧急情况下可以帮助政府和救援机构颁布灾害或突发事件的预警消息、灾情信息、安抚公告等。另外，ChinaSat 卫星系列也能提供一定程度的专网通信能力，例如我国由电信运营企业负责管理的 12 个机动通信局基本都配备了卫星应急通信车，该系统使用的就是 ChinaSat 系列卫星，工作在 Ka 频段，可传输 1 路 SCPC 或 MCPC 数字视频信号，1 路数字视频信号；同时首发 2 路 IBS/IDR 数字载波；利用 DCME 设备系统可最多传输 480 路数字语音信号。

(3) 亚太卫星系列

亚太(APSTAR)卫星系列主要包括亚太 1 号、亚太 IA、亚太 IIR、亚太 V 号和亚太 VI 号卫星，覆盖亚洲、大洋洲、太平洋，以及夏威夷地区。该系列卫星由中国卫通和中国航天科技联合控股的亚太卫星控股有限公司运营。

亚太卫星系列在紧急情况下除了可以为用户提供广播、电视信息颁布能力，随着亚太 V 号和亚太 IV 号卫星业务的不断丰富，还可以在紧急情况下为 VSAT 专网、互联网骨干网、宽带接入，以及移动基站链路等通信设施的应急需求提供空中接口服务，为灾害或突发事件现场的通信保障能力提供帮助。

(4) 北斗卫星导航系统

北斗卫星导航系统是由我国自主研发的卫星导航定位系统，可向我国及周边地区用户提供定位、通信(短消息)和授时服务(图 8-8)。日前北斗卫星定位系统已在测绘、通信、水利、交通运输、渔业、勘探、地震、森林防火和国家安全等诸多领域发挥重要作用。

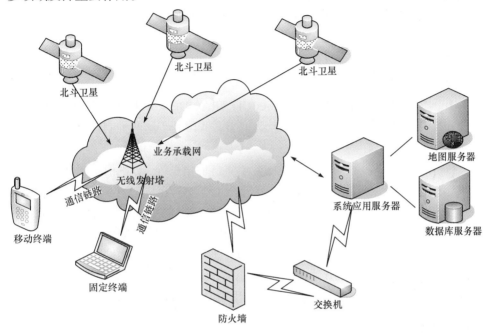

图 8-8 北斗卫星拓扑图

北斗卫星在应急场景下可以为指挥调度、救援抢险等活动提供导航定位功能,提高应急工作效率。同时,北斗卫星的短消息业务也可以实现紧急情况下的信息沟通。例如,在抢险救灾中,部队和救援机构装备了大量北斗卫星终端设备,很多地区灾后第一次与外界通信就是通过北斗卫星短消息业务实现的。在交通设施破坏严重的情况下,北斗卫星导航定位功能也为救援队伍顺利抵达救灾现场提供了重要帮助。

(5) 海事卫星通信系统

国际海事卫星通信系统(Inmarsat)后更名为国际移动卫星通信系统,是由国际移动卫星公司管理的全球第一个商用卫星移动通信系统。国际移动卫星公司是世界上唯一一个能为海、陆、空各行业用户提供全球化、全天候、全方位公用通信和安全通信服务的企业。我国是 1979 年 Inmarsat 成立时的创始成员国之一,位于北京的海事卫星地面站自 1991 年正式运转至今已经能够提供几乎所有 Inmarsat 业务。此外,北京国际海事卫星地面站也是全球海上遇险与安全系统的重要组成部分,能够接收一定距离内的海上遇险船只求救信号,是全球海上联合救援网络的重要节点。

海事卫星是集全球海上常规通信、遇险与安全通信、特殊与战备通信于一体的实用性高科技通信卫星。目前，海事卫星系统和设备在我国已经广泛地应用于政府、国防、公安、救援机构、传媒、远洋运输、民航、水利、渔业、石油勘探、应急响应、户外作业等诸多领域。

5. 集群应急通信系统

我国集群通信系统有 GoTa、GT800、TETRA、iDEN 等 4 种制式。由于 TETRA 和 iDEN 技术标准开发较早，技术较为完善，我国基于这两种制式已经建成大量数字集群通信系统。

GoTa、GT800 是我国自主研发的数学集群通信系统，分别由中兴和华为公司开发，经过试验推广，取得了较好的发展。此外，GoTa、GT800 在发展国际用户方面也取得了一定的进展，例如 2005 年 5 月挪威运营商 NMAB 的 GoTa 商用网络正式开通；2006 年美国 Sprint 运营商开通 GoTa 实验局；2007 年 1 月马来西亚运营商 Electcoms 开通 GoTa 网络；2006 年 11 月 GoTa 中标加纳政府国家安全网络项目；利比亚和安哥拉开通 GT800 商用局；泰国、也门、乌克兰、保加利亚等国家也建设了一些 GT800 的商用或试商用网络。

8.3.3　应急通信指挥系统

应急通信指挥系统是为了解决各类紧急情况而产生的，但是自然灾害、卫生事件，尤其是社会公共突发事件发生的时间、地点和规模都无法提前预知，也无法提前做出准备。突发事件都具有如下共同的特点。

① 应急通信的时间和地点无法精确确定，人们无法做出事先准备工作，如海啸、地震、水灾、火灾、飓风等突发事件，只在极少数情况下，如重要节假日、重要会议等，可以预料到需要应急通信的时间。

② 在遇到突发事件时，人们无法估计需要多大的容量才能满足通信需求。

③ 进行应急通信时，由于时间和地点的不确定性，需要什么类型的通信网络也无法确定。

以 2008 年四川省汶川县发生的地震为例，汶川等多个县级重灾区内通信全面阻断，通信网络遭受毁灭性破坏。四川等地长途级本地话务量上升至日常 10 倍以上，成都联通的话务量达平时的 7 倍，短信通信量则是平日的两倍。然而，由于断点造成通信传输中断，电话接通率是平常均值的一半，短信发送迟缓，整个灾区顿时成了一个"信息孤岛"。

突发事件的规模不确定、时间和地点不确定、影响范围不确定，然而人们对通信的依赖性又大大增加，同时突发事件的传播速度非常惊人，对网络和社会安全的影响极大。

应急通信和常规通信不同，其应用场景繁多、环境复杂恶劣，并且应急通信呈现出日益迫切的多媒体化需求，在单纯传递语音的基础上，还需要传送大量的数据、高清视频、高清图像等多种媒体信息。

发生公共突发事件时，涉及的通信用户量和网络规模都很大，且具有很大的不稳定性，平时正常情况下通畅无阻的通信网络，可能由于紧急情况造成激增的话务量，或出现复杂的通信环境，导致不畅通，因此应急通信相对于正常网络，对网络和设备具有更高的通信要求。

① 组网灵活。可根据突发事件和所需应急通信的范围大小，快速高效的部署通信设备，构建通信网络。

② 快速布设。无论是基于公用电话网的应急通信系统，还是转通应急通信系统，都应该具有能够快速布设的能力。在可预测的时间，如大型集会、重要节假日庆典活动等面前，通信量激增，基于公网的应急通信设备应该能够按需迅速布设到指定区域，保证通信的畅通。在不可预见的破坏性自然灾害面前，留给国家和政府的反应时间更短，这时应急通信系统的布设周期会显得更加关键。

③ 小型化。应急通信设备要有小型化的特点，并能够适应复杂的物理环境。在地震、洪水、雪灾等破坏性的自然灾害面前，基础通信设施可能部分或全部受损，便携的小型化应急通信设备要能够方便运输、快速布设、迅速建立和恢复通信。

④ 简单易操作。应急通信指挥系统要求设备简单、易操作、易维护，能够快速建立、部署、组网，操作界面直观、逻辑清晰，硬件系统接入端口越少越好。所有接口标准化、模块化，并能兼容现有的多种通信系统。

多种通信网络系统互联互通的目的是实现各种开放、异构网络系统之间的快速互联、缺陷互补、信息及资源的互通和服务互相融合。伴随互联网在社会发展中的基础地位和核心作用的逐渐提升，互联网以固定终端接入、IP 地址为基础的端到端通信模式已经无法满足物联网、云计算、移动计算、社会网络等新型应用和计算模式的需求。现有的 IP 路由机制也导致互联网面临着扩展性、安全性、移动性等问题，尽管现有的研究针对这些问题提出多种解决方案，但这些问题是由 TCP/IP 体系结构基于 IP 地址的通信模式造成的。针对这些问题，目前学术界认为 "为 Internet 构建新型的体系结构是解决这些矛盾的根本途径"。

基于多维网络理论研究，企业和某高校研究所合作研制了多维通信指挥系统，并将该产品推广应用于人防、公安等领域。多维通信指挥系统融合了移动通信、无线电台通信、卫星通信、有线通信，以及自组网技术，实现了多维网络协调通信，可在事件发生后自动快速形成现场应急通信专用网络，实现对事件处置过程和现场的可视化指挥调度，并保留整个事件处理过程和结果的全部资料。主要用于解决当前应急通信平台建设的不完善问题，以及许多系统缺少多种通信手段、局限于单一通信方式，不能将现有的通信方式进行融合联通、专业部门应急通信系统缺少统一规划和互通标准、应急指挥平台很难互联、部门联动效率低下等诸多问题。该多维通信终端实现了广泛融合现有的各种网络，可以工作在同种或异种封闭自治网络之间，与现有网络具有兼容性和互操作性，能够融合使用多种通信方式协同通信、无线传输信道优化选择、根据信道质量平滑切换、节点间自组可靠通信等多种通信技术。多维通信终端可以为现有的通信指挥带来更加稳定和可靠的指挥通信保障。

该系统的优越性体现在不需要建立物理网络中心，且指挥中心可任意指定，例如指定任何一台配置有该系统的车辆为指挥中心。不需要配置即可使用，不管设备相对位置和状态如何变化，网络节点之间均能时刻保持相互联通，满足各种应急环境下的通信保障需求，且具有很强的移动性。

8.3.4　应急指挥系统涉及的关键技术

1. Ad Hoc 网络

Ad Hoc 网络是一种不依赖于有线基础设施支持的移动自组织网络，网络中的节点全部由移动终端构成。Ad Hoc 网络最初应用在军事方面，例如在战场复杂环境下分组无线网络数据通信项目，主要是研究在战争情况下，如何方便、快捷地组建通信网络来代替遭受破坏的基础通信设施(如基站等)。因为无线通信和终端技术的快速进步，Ad Hoc 网络在民用环境下也得到了迅猛的发展，如需要在没有有线基础设施的地区进行临时通信时，可以利用搭建 Ad Hoc 网络实现通信。

在 Ad Hoc 网络中，当两个移动主机 A 和 B 在彼此的通信覆盖范围内时，它们可以直接连接，然后进行通信。但是，移动主机的通信覆盖范围有限，如果距离较远的两个主机 A 和 C 要互相交流，就需要通过它们之间的移动主机 B 的转发才能实现。因此，在 Ad Hoc 网络中，主机同时承担着路由器的功能，担负寻找路由和转发报文的工作。在 Ad Hoc 网络中，每个主机的通信距离都是有限的，因此路由一般都通过多跳的方式组成，数据通过多个主机的转发才能到达目的地。Ad Hoc 网络也被称为多跳无线网络。

Ad Hoc 网络可以看作是移动通信和计算机网络的交互。与其他类型的通信网络相比，Ad Hoc 网络具有如下特点。

① 无中心自组织。在 Ad Hoc 网络中，使用计算机网络的分组交换机制，而不是电路交换机制。Ad Hoc 网络可以随时随地组建，网络中的每个节点都平等，并不存在中心节点。

② 多跳接入。在移动 IP 网络中，移动主机通过相邻的基站等有线设施的支持才能通信，具有单跳特征，在基站和基站(代理和代理)之间均为有线网络，同时移动 IP 网络使用的协议也是互联网的传统路由协议。Ad Hoc 网络不需要这些设施作为通信支撑，由于每个主机的通信范围有限，因此路由一般由多跳组成。

③ 网络的拓扑结构是动态的，且周期短。Ad Hoc 网络和目前互联网环境中的移动 IP 网络不同。在移动 IP 网络中，移动主机可以通过固定有线网络、无线链路和拨号线路等多种途径接入网络，而在 Ad Hoc 网络中只能通过无线链路一种方式连接。此外，在移动 IP 网络中，移动主机不承担路由的工作，只是纯粹的作为一个普通的通信终端。当移动主机从一个区移动到另一个区时并不改变网络拓扑结构，而 Ad Hoc 网络中移动主机的移动会导致拓扑结构的改变。

④ 传输宽带有限。这不仅是由于无线信道本身的带宽相对于有线网络非常有限，还因为无线信道容易受到外界干扰、衰落等的影响。

⑤ 存在单向无线信道。由于受通信设备信号强弱和地形环境因素等的影响，使得在 Ad Hoc 网络中常常存在单链路现象。例如，考虑车载台发射的功率比手持终端大很多，再加上地形地貌及天气等外在条件的影响，可能会形成有时手持终端可以接收来自车载台的信号，而车载台无法接收来自手持终端信号的情况。

Ad Hoc 网络的快速自组能力及抗毁性，使得它在军事、应急通信领域获得广泛的应用。多维应急指挥系统运行拓扑如图 8-9 所示。

2. 无线自组织网络中视频多路并行传输方法

使用单路径路由协议时，一旦发生路由中断现象就需要重启路由发现过程，以便搜寻到达目的节点的新路径，但是这样会增加网络端到端的时延和网络路由开销。如果在路由请求发现过程就获得多条路经，当其中一条路径失效时，我们仍可以使用余下的路径进行数据传输而不必进行新的路由请求过程，从而降低数据端到端时延。由于单路径路由协议存在的多种不足，国内外研究者越来越青睐多路径路由协议。

(1) 多路径路由的优势

与单路径相比，多路径路由协议可以弥补 Ad Hoc 网络中的动态性和不可预测性等缺点，并且能够提高网络服务质量。相较而言，多路径路由具有诸多优点，如减小时延、聚合网络带宽、错误容忍、负载均衡等。

① 减小时延。在单路径路由协议中，当网络因发生节点移动或拥塞情况造成路径不可用时，就必须重启路由发现过程重新建立到目的节点的路径，从而增加数据的端到端时延。然而，在多路径路由协议中，当其中一条路径失效后，可以使用剩余路径对数据进行继续传送而不用重新发起路由请求过程，减小了时延。

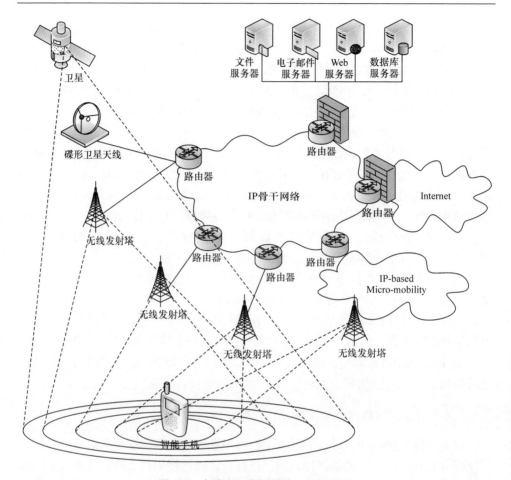

图 8-9　多维应急指挥系统运行拓扑图

②　聚合网络带宽。Ad Hoc 网络使用无线通信方式，而无线信道的带宽资源是有限的，并且不稳定，所以一条路径的带宽很难满足多媒体等对带宽需求较高的应用。采用多路径路由，可以把需要传输到目的节点的数据分割成不同的信息单元，并将其分配到不同的路径同时传输，这样能充分利用每条路径的带宽，实现带宽聚合。

③　错误容忍。多路径路由将数据分割并放在不同的路径中传输，容许部分路径发生错误而断开，只要还有一条路径能进行数据传输就可以保证数据顺利到达接收端而无须重启路由发现过程。

④　负载均衡。单路径路由协议由于路径单一，可能引起网络中间节点或者链路因数据量较大发生拥塞情况，导致节点能量消耗过快，丢包率增加。采用多路径路由，可以用几条路径来分担所需传输的数据流量，减小路径中节点

和链路的拥塞程度，以及节点的能量消耗速度，实现网络资源的合理利用，达到负载均衡。

多路径路由在提高实时业务的 QoS 方面拥有无限的潜力，可以运用多路径的优势，通过合理有效的路由算法对 AODV 协议进行改进，以满足实时业务对时延和带宽的要求。

(2) 多路径路由的分类

多路径路由根据不同的规则有不同的分类方法，根据多路径的使用方式可分为多路径备用路由和多路径并行路由两种方式。多路径备用路由是指在路由发现过程中建立多条源节点与目的节点间的可达路径，但是只采用一条路径作为主路径进行数据传输，而其余路径作为备用路径，当主路径断裂后才使用备用路径传输数据。多路径并行路由是指把需要发送的数据依照一定的分配规则在源节点与目的节点的多条路径上同时传输，以此提高网络的吞吐量和网络资源利用率。

根据多路径的路由方式，可分为相交多路径路由、链路不相交多路径路由和节点不相交路由三种类别。

① 相交多路径路由。相交多路径是指在源节点与目的节点之间的多条路径中不仅有除源节点和目的节点的公共节点，还存在公共的链路。如图 8-10 所示，路径 S-A-B-D 与路径 S-C-B-D，除源节点 S 和目的节点 D 相同，还有公共节点 B 和公共的链路 B-D，所以路径 S-A-B-D 与路径 S-C-B-D 称为相交路由。

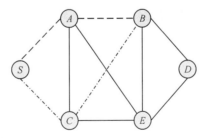

图 8-10　相交多路径

② 链路不相交多路径路由。链路不相交多路径路由是指在多条路径中，除了拥有公共的源节点和目的节点，可以存在共用节点，但是没有共用链路。如图 8-11 所示，路径 S-A-B-D 与 S-C-B-E-D，除源节点 S 和目的节点 D 相同，还有公共节点 B，所以路径 S-A-B-D 与 S-C-B-E-D 被称为链路不相交路由。

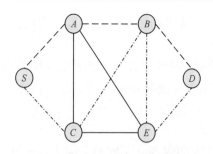

图 8-11　链路不相交多路径

③ 节点不相交多路径路由。节点不相交多路径路由是指多条路径之间除了拥有共同的源节点和目的节点，既没有公共链路，也没有公共的节点，路径之间是完全相互独立的。如图 8-12 所示，路径 S-A-B-D 与 S-C-E-D 就是两条节点不相关路由。

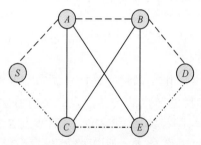

图 8-12　节点不相交多路径

在 Ad Hoc 网络中，不同的路由方式有不同的适应场合和资源消耗。在以上三种路由方式中，相关多路径拥有部分相同的节点及链路，这部分资源是不同路径可以共享的，因此占用资源相对较少。在同等网络节点密度的情况下，由于相关多路径的搜索约束条件比不相关多路径的约束条件弱一些，因此搜索起来会更加容易，发现的可用路径也许会更多。也正因为相关路径存在网络节点及链路的资源共享特性，它的容错能力相对较弱，当公共链路或者公共节点因某些原因发生断裂时，与其相关的路径都无法进行正常的数据传输。节点不相交多路径路由的链路和节点都是相互独立的，相互之间没有任何影响，所以相较而言，节点不相交多路径路由的容错能力是最优的，而链路不相交多路径路由的容错能力介于两者之间。因此，可以根据不同网络节点密度选择不同的路由方式。当网络节点密度相对较小时，使用链路不相交路由。当网络节点密度相对较大时，使用节点不相交路由，相关多路径路由则一般不建议使用。

使用多路径的方法对数据进行并行传输的时候，需要慎重考虑数据流量的分配方式，以便提高网络利用效率。因此，合理的数据颗粒度选取有利于提高数据分发效率，常见的分配颗粒度主要有如下三种。

① 每连接分配粒度。数据以连接为单位在路径上传输，但是这种分配方法比较适合小负载且稳定路径的场景，因此在眼下的多媒体实时业务面前，这种分配粒度不太适宜。

② 每流分配粒度。数据以流为单位在路径上进行传输，属于同一个数据流的分组在一条路上传输。如果所需传输的数据以流媒体为主，这种分配方式比较合适，可以解决接收端的数据乱序问题。

③ 每分组分配粒度。在网络中，传输的最小信息单位为分组。在 Ad Hoc 网络中，节点高速且频繁的运动，导致网络稳定性较差，因此适合较小的分配粒度，这有利于数据的稳定输出，但是在接收端数据分组乱序是分组分配最大的一个弊端，需要对乱序的分组重新组合。为了解决分组乱序问题，可以通过编码的方式实现，提出基于编码的多路传输机制，在分组中引入数据块的概念，对数据块进行多路径传输，以此提高传输效率。

不同路径上分配流量的多少主要取决于数据量的大小、类型，以及路径本身的性能。对于数据较小的业务就没必要使用多路径，只需选一条高质量的路径传输数据，还可以降低网络开销、节约网络资源、提高网络资源的利用率。当数据量较大时，使用多路径就比较适合，将一个较大的数据进行分割，分割成较小的数据块，再将数据块分配到不同路径上进行传输。这样就可以提高网络传输速率，大幅度增加网络平均吞吐量。多路视频传输流程如图 8-13 所示。

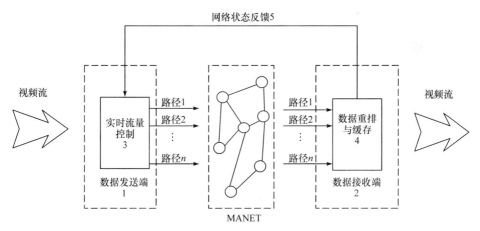

图 8-13　多路视频传输流程图

3. 多维网络中的视频质量模型

多维网络中的视频传输技术是从业务的角度考虑如何实现视频的高效传输，

忽略了网络能够为传输提供的 QoS 支持，而 QoS 模型的研究是从网络的角度出发，研究网络能够为业务的传输提供哪些保障行为，QoS 模型并没有针对视频传输提出一套完整的应用方案。现有的 QoS 模型只是根据当前网络可用资源判定是否接入业务的请求和根据优先级对业务的传输提供不同的 QoS 保障水平，不能有效地解决在网络资源受限情况下实现更多节点间高质量的视频交互问题。

一般的业务区分方法只限于通过业务的类型划定不同的优先级，从而获得不同的传输服务。在应急通信指挥调度的场景中，一般包括三类终端节点，即固定指挥所的固定节点、移动指挥车的车载节点和移动终端的单兵节点。利用自组织的方式实现终端节点之间的连接，任何一个终端节点都能够实现独立指挥，发挥指挥中心的作用，在指挥调度过程中，用户的等级影响到业务的重要性，从而导致同类型业务的优先级可能会不相同。例如，在军事环境中，在网络中指挥人员发布的文字消息可能比一般士兵发送的视频更加重要，如果按照一般的业务区分，网络会牺牲低优先级文字消息的传输来保障高优先级视频的传输，但这肯定不是网络建设的目的。

根据时延敏感程度，3GPP 将业务分为会话类(CC)、流媒体类(SC)、交互类(IC)和背景类(BC)，从背景类到交互类到流媒体类到会话类，时延敏感程度依次增加。区分服务(DiffServ)模型把进入网络的报文进行分类，用 IP 报文头部服务类别标识(type of service, TOS)字段中的前 6 比特来区分优先级，这 6 个比特被称为 DSCP值，取值为 0～63。考虑应急通信指挥调度网络环境，根据网络中的用户的重要性，把具有丰富指挥信息、实现与其他部门对接、具有较高安全性的固定节点定义为高级用户(H 级)，把能源充足、移动性强的车载节点定义为中级用户(M 级)，把灵活性强、功能最少的单兵节点定义为低级用户(L 级)，所有用户都能发送 CC、SC、IC、BC 四种业务。对 DiffServ 模型中的 DSCP 格式进行改写，引入用户等级，用 DSCP 值的前三比特来区分，100 代表高级用户，010 代表中级用户，001代表低级用户，使用 DSCP 的后三比特来区分业务类型，100 代表会话类，010代表流媒体类，001 代表交互类，000 代表背景类，不同的 DSCP 值对应不同的用户级别和不同的业务。

根据对时延的敏感性对业务进行分类无法准确表示业务的重要程度，则需要根据实际的应用场景和当前的网络环境来评估业务传输的优先级。如果业务传输的信息量大，且耗费的网络资源少，那么这个业务对网络资源的利用率就高。另外，在网络资源受限的无线自组织网络中，需要根据用户的需求合理地分配网络资源，从而满足用户对网络的需求。下面根据经验把三个级别用户的 12 种业务划分优先级，如表 8-1 所示。

表 8-1　业务优先级划分

DCSP 值	业务类型	优先级
100001	H-IC	1
010001	M-IC	2
001001	L-IC	3
100100	H-CC	4
010010	M-SC	5
001010	L-SC	6
010100	M-CC	7
001100	L-CC	8
100010	H-SC	9
100000	H-BC	10
010000	M-BC	11
001000	L-BC	12

IC 业务指节点间的命令发布、命令响应等能高效指导用户行为的业务。CC业务指语音通话、视频会议等业务。SC 业务指视频图像传输等时延要求不太高的流媒体业务。BC 业务指文件传输、数据库更新等业务。表 8.1 是在应急通信指挥调度网络环境中总结出的经验优先级分配方案。1～3 优先级设置为用户间的交互业务是因为这类业务占用的网络资源少，一般是间歇性的，不需要网络为其预留资源，且能进行有效地指挥，即使在网络环境十分恶劣的情况下也能传输。4～6优先级是根据实际应用中的重要性来分配的，固定节点处指挥人员通过语音(H-CC)发布命令，车载节点和单兵节点把现场的视频图像(M-SC、L-SC)发送给指挥人员，这些业务需要占用较多的网络资源，但能为指挥决策提供丰富的辅助信息。在网络状况良好的情况下，M-CC 和 L-CC 使得用户间的交流更加直接方便，因此分别设置其优先级为 7 和 8。固定节点一般不需要发送指挥中心的视频图像，因此 H-SC 设置较低的优先级。BC 类业务为指挥调度提供额外的信息，优先级最低，缺少时不会影响指挥决策。

8.3.5　应急指挥系统的应用

多维通信指挥平台是在融合多种通信方式的基础上建立的，不仅能实现对现有的多种指挥通信网络资源的整合，而且能实现对单一网络的兼容(图 8-14)。多维通信指挥平台通过提供数据信息接口，可以实现对其他信息系统的数据共享。因此，该平台不但适用于军队、武警、消防、公安、民防等特殊指挥，同样也适用于交通、国土、林业、地震、新闻媒体等政府行业在应对各种突发事件、应急救灾情况下实现快速、及时、准确、可靠性高的通信保障需求。

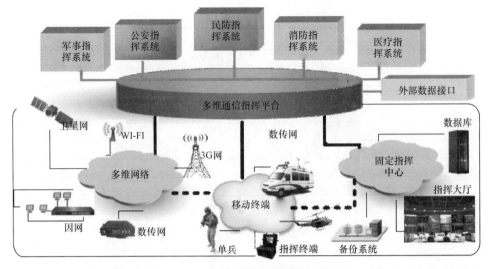

图 8-14　多维通信指挥系统应用

　　在抢险救援的过程中，保证通信畅通无阻是成为灾区救援工作最迫切的需求之一。多维通信指挥系统作为应急指挥平台的重要组成部分，将获取到的灾害现场的信息进行快速的处理，然后通过文字、图片或视频等多种媒体形式传送到应急指挥平台，实现现场信息的快速共享，可以为救援人员相互沟通、组织协调提供重要手段。受灾地区利用已有可用网络快速搭建多网融合的通信网络，可以很大程度上满足现场救援和指挥调度的通信需求。车载应急通信指挥系统可以在指挥调度、抢险救灾、通信恢复工作中发挥重要作用。

　　多维通信指挥平台除了在网络资源利用方面占据优势，同时也将 GIS 技术、GPS 定位技术、音视频采集与传输融合在平台之上，并研究和实现不同模式下的指挥方案，实现移动与固定终端结合、指挥中心快速转移、多指挥中心协同指挥等。当发生突发公共事件时，指挥人员可以利用该平台迅速搭建指挥中心，及时了解和处理突发事件，提高处置应急突发事件的效率，最大限度地降低突发事件带来的生命财产损失。

参 考 文 献

陶开勇, 陶洋, 2006. MANET 中一种新的多路由机制. 计算机工程与设计, 27(12): 2178-2180.

陶洋, 2014. 网络系统特性研究与分析. 北京: 国防工业出版社.

陶洋, 黄宏程, 2011. 信息网络组织与体系结构. 北京: 清华大学出版社.

肖扬, 张颖康, 2011. 多维信号处理与多维系统. 北京: 电子工业出版社.

张雪丽, 王睿, 董晓鲁, 等, 2010. 应急通信新技术与系统应用. 北京: 机械工业出版社.

Li G, 2007. An identity-based security architecture for wireless mesh networks//Network and Parallel
　　Computing Workshops, 2007. NPC Workshops. IFIP International Conference on: 223-226.